Wissenschaftliche Taschenbücher WTB

Mathematik · Physik

H. Stolz

Supraleitung

THEORIA CUM PRAXI

Akademie-Verlag · Berlin

WTB Wissenschaftliche Taschenbücher

Eine Auswahl lieferbarer Bände:

JOACHIM AUTH / DIETMAR GENZOW
KLAUS H. HERRMANN
Photoelektrische Erscheinungen

HANS BANDEMER
ANDREAS BELLMANN
WOLFHART JUNG / KLAUS RICHTER
Optimale Versuchsplanung

FRANK BEICHELT
Prophylaktische Erneuerung von Systemen

JOACHIM BELLACH / PETER FRANKEN
ELKE WARMUTH / WALTER WARMUTH
Maß, Integral und bedingter Erwartungswert

WOLFRAM BRAUER
HANS-WALDEMAR STREITWOLF
Theoretische Grundlagen der Halbleiterphysik

SIEGFRIED BREHMER
Einführung in die Maßtheorie

SIEGFRIED BREHMER
Hilbert-Räume und Spektralmaße

JOHN CUNNINGHAM
Vektoren

GEORG DAUTCOURT
Relativistische Astrophysik

K. CH. DELOKAROV
Relativitätstheorie und Materialismus

WERNER DÜCK
Diskrete Optimierung

HANNELORE FISCHER
JOACHIM PIEHLER
Modellsysteme der Operationsforschung

GOTTFRIED FRITZSCHE
Grundlagen und Entwurf passiver Analogzweipole
Netzwerke I
Entwurf passiver Analogvierpole
Netzwerke II

HERBERT GOERING
Asymptotische Methoden zur Lösung von Differentialgleichungen

HERBERT GOERING
Elementare Methoden zur Lösung von Differentialgleichungsproblemen

EDUARD HERLT / NIKOLAUS SALIÉ
Spezielle Relativitätstheorie

HELMUT HESS
Der elektrische Durchschlag in Gasen

V. I. KARPMAN
Nichtlineare Wellen in dispersiven Medien

ULRICH KAUSMANN
KLAUS LOMMATZSCH
FRANTIŠEK NOŽIČKA
Lineare parametrische Optimierung

A. R. KESSEL
Akustische Kernresonanz

KONRAD KREHER
Festkörperphysik

DIETER KRESS
Theoretische Grundlagen der Signal- und Informationsübertragung

DIETER LEUSCHNER
Grundbegriffe der Thermodynamik

V. S. LETOCHOW
Laserspektroskopie

DIERCK-EKKEHARD LIEBSCHER
Relativitätstheorie mit Zirkel und Lineal

WOLFGANG MEILING
Digitalrechner in der elektronischen Meßtechnik
Teil 1: Meßmethodik
Teil 2: Gerätetechnik und Anwendungen

L. I. MIROSCHNITSCHENKO
Kosmische Strahlung im interplanetaren Raum

PETER PAUFLER
GUSTAV E. R. SCHULZE
Physikalische Grundlagen mechanischer Festkörpereigenschaften
Teil I und II

ULRICH RÖSEBERG
Quantenmechanik und Philosophie

ALBRECHT ROST
Messung dielektrischer Stoffeigenschaften

J. V. SAČKOV
Wahrscheinlichkeit und Struktur

E. M. SAWIZKI
Perspektiven der Metallforschung

WOLFGANG SCHÄFER
Theoretische Grundlagen der Stabilität technischer Systeme

ERNST SCHMUTZER
Symmetrien und Erhaltungssätze der Physik

VOLKMAR SCHURICHT
Kernexplosionen für friedliche Zwecke

NORBERT SIEBER
HANS-PETER LEIDHOLD
Einführung in die Datenverarbeitung

GERHARD WUNSCH
Zellulare Systeme

Festkörperphysik
Entwicklungstendenzen und Anwendungsmöglichkeiten

Die Schöpfer der physikalischen Optik
Eine Artikelsammlung

HANS-GEORG SCHÖPF
Von Kirchhoff bis Planck

HORST MELCHER
Albert Einstein wider Vorurteile und Denkgewohnheiten

RENATE WAHSNER
Mensch und Kosmos
Die copernicanische Wende

HELMUT FRIEMEL / JOSEF BROCK
Grundlagen der Immunologie

EBERHARD HOFMANN
Funktionelle Biochemie des Menschen
Band 1 und 2

LOTHAR JÄGER
Grundlagen der Klinischen Immunologie

KARLHEINZ LOHS
DIETER MARTINETZ
Entgiftung — Mittel, Methoden und Probleme

JOACHIM NITSCHMANN
Entwicklung bei Mensch und Tier

STEPHAN SCHNITZLER
Pharmakologische Aspekte von Immunreaktionen

DIETER SPAAR
HELMUT KLEINHEMPEL
HANS JOACHIM MÜLLER
KLAUS NAUMANN
Bakteriosen der Kulturpflanzen

EBERHARD TEUSCHER
Pharmakognosie
Teil I–III

MICHAEL THEILE
SIEGFRIED SCHERNECK
Zellgenetik

HEINRICH BREMER
KLAUS-PETER WENDLANDT
Heterogene Katalyse

PETER BIRNER
HANS-JÖRG HOFMANN
CORNELIUS WEISS
MO-theoretische Methoden in der organischen Chemie

GÜNTER EPPERT
Einführung in die Schnelle Flüssigchromatographie

GERHARD GEISELER / HEINZ SEIDEL
Die Wasserstoffbrückenbindung

FALKO H. HERRMANN
MARINA HERRMANN
Das Hämoglobin des Menschen

HELMUT HRAPIA
Einführung in die Chromatographie

HANS LUPPA
Grundlagen der Histochemie
Teil I und II

DIETER ONKEN
Antibiotika – Chemie und Anwendung

BURKART PHILIPP
GERHARD REINISCH
Grundlagen der makromolekularen Chemie

HORST REMANE / RAINER HERZSCHUH
Massenspektrometrie in der organischen Chemie

ADOLF ZSCHUNKE
Kernmagnetische Resonanzspektroskopie in der organischen Chemie

Vorschau auf die nächsten Bände:

HEINRICH ARNOLD
Physikalische Chemie der Halbleiter

HORST-HEINO VON BORZESZKOWSKI
RENATE WAHSNER
Newton und Voltaire

J. G. COLLEE
Angewandte medizinische Mikrobiologie

WERNER DÖPKE
Dynamische Aspekte der Stereochemie organischer Verbindungen

GOTTFRIED FRITZSCHE
Entwurf aktiver Analogsysteme
Netzwerke III

GERHARD JACKISCH
Johann Heinrich Lamberts „Cosmologische Briefe“ mit Beiträgen zur Frühgeschichte der Kosmologie

HASSO MEINERT
Fluorchemie

Das Neutron
Eine Artikelsammlung

VOLKER NOLLAU
Semi-Markovsche Prozesse

ROBERT ROMPE
HANS-JÜRGEN TREDER
Über Physik – Studien zu ihrer Stellung in Wissenschaft und Gesellschaft

RAINER SINZ
Chronopsychophysiologie, Chronobiologie und Chronomedizin

WTB

BAND 255

Hubertus Stolz

Supraleitung

Mit 33 Abbildungen

AKADEMIE-VERLAG · BERLIN

Reihe MATHEMATIK UND PHYSIK

Verfasser:

Dr. rer. nat. habil. Hubertus Stolz

Zentralinstitut für Elektronenphysik
der Akademie der Wissenschaften der DDR

1979
Erschienen im Akademie-Verlag,
DDR-108 Berlin, Leipziger Str. 3—4
Lektor: Renate Trautmann

Lizenznummer: 202 · 100/436/79
Herstellung: VEB Druckhaus „Maxim Gorki", 74 Altenburg
Bestellnummer: 762 261 6 (7255) · LSV 1154
Printed in GDR
DDR 8,— M

Je genauer wir verstehen, um so größer soll das Staunen sein.

Alfred Brendel

Vorwort

Das vorliegende kleine Buch, in dem versucht wird, eine kurzgefaßte Einführung in die Theorie der Supraleitung zu geben, ist aus Notizen zu Vorlesungen hervorgegangen, die ich im Jahre 1972 vor einem Kreis von Fachkollegen und Studenten mit verschiedenen Arbeitsgebieten gehalten habe. Es wendet sich daher nicht an Leser, die eine umfassende, bis zu gegenwärtig in Bearbeitung befindlichen Problemen hinführende Information über das Gesamtgebiet der Erscheinungen der Supraleitung erwarten. Vielmehr wird versucht, dem an theoretischer Physik Interessierten eine Einführung in die begrifflichen und formalen Grundlagen des Verständnisses dieser Erscheinungen zu geben, welches vor zwanzig Jahren in der 1957 veröffentlichten Theorie der Supraleitung von Bardeen, Cooper und Schrieffer (*BCS-Theorie*) seine geschlossene Formulierung fand.

Mit einer Genauigkeit von weniger als einem Prozent in der Übereinstimmung ihrer Aussagen mit dem Experiment ist die Theorie der Supraleitung die „beste“ Theorie physikalischer Erscheinungen im Bereich der kondensierten Materie. Darüber hinaus zeigt sie mit großer Deutlichkeit, daß in den Phänomenen der Supraleitung typisch quantenmechanische Eigenschaften makroskopischer Systeme beobachtet werden, deren Verständnis einer Erweiterung des physikalischen Denkens bedurfte, vergleichbar wohl mit derjenigen, die zur Erklärung der Stabilität und der optischen Eigenschaften atomarer Systeme durch die Quantentheorie führte. Diese Erweiterung geschah durch die erstmals von F. und H. London 1938 geäußerte Ansicht, die Supraleitung beruhe wesentlich darauf, daß ein makroskopisches System von Elektronen als Ganzes sich ähnlich wie ein einzelnes Atom verhalte und wie dieses durch eine seinen makroskopischen Zustand charakterisierende *Makrowellenfunktion* zu beschreiben sei. Dieses Bild fand in der Theorie von GINSBURG und LANDAU 1950 seine formale Ausarbeitung, durch die in der Folgezeit klar wurde, daß die Supraleitung eines unter weiteren makroskopischen Quantenphänomenen, wie Suprafluidität von ^{4}He und den Eigenschaften von ^{3}He, ist.

Wenngleich es nicht möglich ist, in dem hier verfügbaren Rahmen diese Zusammenhänge in gebührender Weise zu behandeln,[1]) so hat doch diese allgemeinere Bedeutung der Erscheinungen der Supraleitung unter den Motiven zur Abfassung dieses für einen nicht nur Festkörperphysiker umfassenden Leserkreis gedachten Buches eine wesentliche Rolle gespielt und in der Art der Darstellung der BCS-Theorie im Kapitel 6 einen gewissen Niederschlag gefunden sowie in der ausführlichen Behandlung der makroquantentheoretischen Interferenzphänomene im Kapitel 7.

Im ersten Kapitel werden die berühmten Erfahrungstatsachen dargestellt, die zusammen mit dem Urphänomen des verschwindenden Widerstandes die von der Theorie der Supraleitung zu erklärenden Fakten darstellen. Das zweite Kapitel bringt in den in Kleindruck gehaltenen Abschnitten dem theoretisch weniger bewanderten Leser einige allgemeine Aussagen der Elektrodynamik und Thermodynamik in Erinnerung, welche im zweiten und vierten Abschnitt auf den supraleitenden Zustand angewendet werden, auf deren Lektüre sich der theoretisch beschlagene Leser in diesem Kapitel beschränken kann. Im dritten Kapitel werden die phä-

[1]) Vgl. dazu z. B. H. STOLZ, H. PUFF, H. J. FISCHBECK und R. ZIMMERMANN, Makroskopische Quantenphänomene, preprint 76-11 des Zentralinstituts für Elektronenphysik der Akademie der Wissenschaften der DDR, Berlin 1976, und H. STOLZ, Die Bedeutung der Bose-Einstein-Kondensation für das Verständnis makroskopischer Quantenphänomene, preprint 75-6.

nomenologischen Theorien von LONDON und PIPPARD und im vierten die GINSBURG-LANDAU-Theorie dargelegt. Das fünfte Kapitel stellt speziell für den Leser ohne festkörperphysikalische Vorkenntnisse einigen Stoff bereit, der zum Verständnis der die Supraleitung ermöglichenden Wechselwirkung der Elektronen, die im sechsten, der BCS-Theorie gewidmeten Kapitel eingeführt wird, erforderlich ist. Das siebte Kapitel schließlich behandelt die Kohärenz- und Interferenzerscheinungen, die den supraleitenden Zustand als makroskopisches Quantenphänomen ausweisen.

Für eine kritische Durchsicht des Manuskriptes und zahlreiche wertvolle Hinweise bin ich Herrn Professor Dr. Wolfram BRAUER, auf dessen Anregung auch die Vorlesungen zurückgehen, auf denen dieses Buch beruht, sehr dankbar. In gleicher Weise gilt mein Dank jenen Kollegen, die seinerzeit den Hörerkreis dieser Vorlesung bildeten und durch ihre kritische Diskussion des Dargebotenen mein eigenes Verständnis des Stoffes und die Darstellung, die ich ihm in diesem Buch gebe, wesentlich gefördert haben. Schließlich gilt mein Dank Frau H. EGOROW, die mit großer Sorgfalt die Reinschrift des Manuskripts herstellte.

H. STOLZ

Potsdam-Babelsberg, im Oktober 1977

Anmerkung

Der noch verbreiteten Tradition in der theoretisch-physikalischen Literatur folgend und um dem Leser den Vergleich mit den zitierten Arbeiten und Lehrbüchern zu erleichtern, sind in diesem Werk alle Gleichungen im GAUSSschen (CGS-) Maßsystem geschrieben. Zahlenangaben erfolgen durchweg entsprechend dem internationalen Einheitensystem (SI).

Inhaltsverzeichnis

1. Die grundlegenden experimentellen Tatsachen

1.1. Unendliche Leitfähigkeit

Im Jahre 1911 entdeckte H. KAMERLINGH ONNES, daß der elektrische Widerstand von Quecksilber im Temperaturbereich zwischen 4,22 K und 4,15 K um einen Faktor $< 10^{-6}$ abnimmt (Abb. 1).

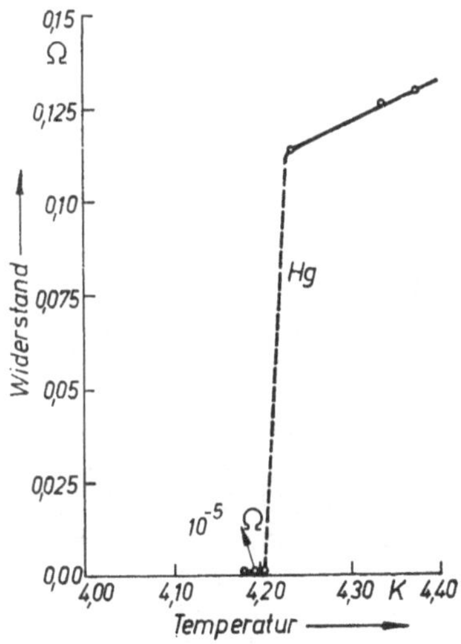

Abb. 1. Das sprunghafte Verschwinden des elektrischen Widerstandes beim Abkühlen einer Quecksilberprobe (nach H. KAMERLINGH ONNES)

Heute ist diese Erscheinung, der von ihrem Entdecker die Bezeichnung *Supraleitung* gegeben wurde, für eine große Anzahl metallischer Elemente, Verbindungen und Legierungen bekannt, wobei die Sprungtemperatur T_c, bei welcher diese plötzliche Abnahme des elektrischen Widerstandes geschieht, zwischen Werten $\leq 0{,}01$ K und einigen 20 K liegen. Mittels der höchstempfindlichen modernen

Meßmethoden konnte sichergestellt werden, daß der elektrische Widerstand dabei auf Werte abfällt, die kleiner als das 10^{-17}-fache des Widerstandes etwa von Kupfer bei Zimmertemperatur sind, so daß man vom *Verschwinden des elektrischen Widerstandes* bzw. vom Auftreten einer *unendlichen elektrischen Leitfähigkeit* beim Einsetzen der Supraleitfähigkeit spricht.

1.2. Meissner-Effekt

Aus den Maxwellschen Gleichungen

$$\boldsymbol{j} = \sigma \boldsymbol{E}$$

$$\frac{\partial \boldsymbol{B}}{\partial t} = -c \operatorname{rot} \boldsymbol{E}$$

folgt für unendliche Leitfähigkeit $\boldsymbol{E} \equiv 0$ und damit

$$\frac{\partial \boldsymbol{B}}{\partial t} \equiv 0. \tag{1.1}$$

Das bedeutet, daß das Magnetfeld im Inneren eines Körpers mit unendlicher Leitfähigkeit von seiner Vorgeschichte abhängt und nicht eine eindeutige Funktion seiner äußeren Umgebung sein kann.

Wir wenden dieses Argument auf einen Supraleiter an, welchen wir für $T < T_c$ betrachten. Schalten wir ein (nicht zu starkes) äußeres Magnetfeld $\boldsymbol{H}$ ein, so besagt (1.1), daß das Innere des Supraleiters feldfrei bleibt (Abb. 2).

Schaltet man hingegen zuerst das Magnetfeld ein im normalleitenden Zustand ($T > T_c$) des Körpers und kühlt ihn dann auf $T < T_c$ ab, so wäre mit (1.1) verträglich, daß $\boldsymbol{B} \neq 0$ ist im Inneren des Körpers. Das wiederum würde besagen, daß es in diesem Falle keinen eindeutig definierten supraleitenden Zustand für $\boldsymbol{B} \neq 0$, $T < T_c$ gäbe, so daß insbesondere die Anwendung der Gleichgewichtsthermodynamik auf den supraleitenden Zustand nicht zulässig wäre.

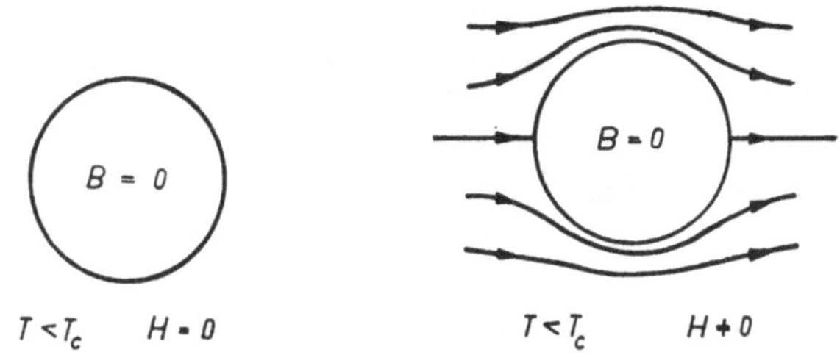

Abb. 2. Ein äußeres Magnetfeld dringt (bis auf eine sehr dünne Randschicht) nicht in einen supraleitenden Körper ein (MEISSNER-OCHSENFELD-Effekt)

Tatsächlich fanden aber 1933 MEISSNER und OCHSENFELD, daß bei Abkühlung eines Supraleiters in einem Magnetfeld dasselbe bei Erreichen einer kritischen Temperatur $T_c(\boldsymbol{H})$ aus demselben verdrängt wird (Abb. 3).

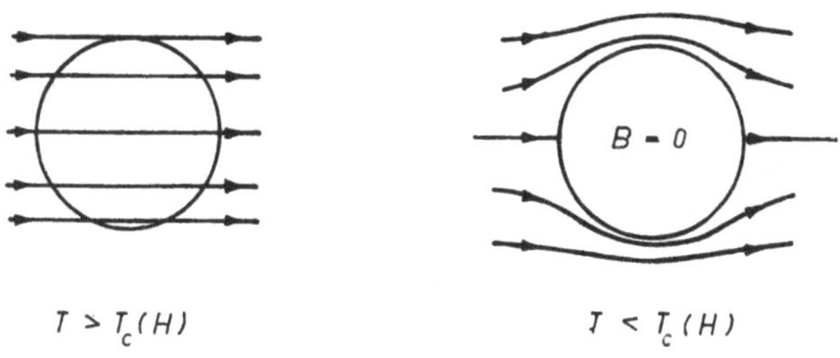

Abb. 3. Beim Abkühlen eines Körpers wird ein in diesem vorhandenes Magnetfeld beim Erreichen des supraleitenden Zustandes aus dem Körper verdrängt (MEISSNER-OCHSENFELD-Effekt)

Das bedeutet, daß für den supraleitenden Zustand stets

$$\boldsymbol{B} \equiv 0 \tag{1.2}$$

gilt, der Supraleiter also *ideal diamagnetisch* ist.

Offensichtlich ist der MEISSNER-*Effekt* keine Folge der unendlichen Leitfähigkeit, wie auch das Umgekehrte nicht gilt. Wir kommen auf die Beziehung zwischen unendlicher Leitfähigkeit und MEISSNER-Effekt später noch zurück. Für uns ist hier wichtig, daß das Verschwinden von $\boldsymbol{B}$ im Inneren eines Körpers im supraleitenden

Zustand, unabhängig davon, wie dieser erreicht wurde, besagt, daß der supraleitende Zustand ein thermodynamischer Gleichgewichtszustand ist.

1.3. Kritisches Magnetfeld

1914 beobachtete KAMERLINGH ONNES, daß der für $T < T_c$ vorliegende supraleitende Zustand zerstört wird, wenn man ein magnetisches Feld einschaltet, das einen kritischen Wert überschreitet. Dieses kritische Magnetfeld hängt von der Temperatur T sowie von der Form und Orientierung des Körpers ab. Für einen langen, parallel zum Feld $\boldsymbol{H}$ orientierten Zylinder bezeichnen wir es mit $H_c(T)$. Der Übergang zwischen dem supraleitenden Zustand und dem normalen ist abrupt für $H = H_c(T)$ und reversibel. Abbildung 4 zeigt den empirischen Verlauf von $H_c(T)$, welcher näherungsweise durch die Formel

$$H_c(T) = H_c(0)\left\{1 - \left(\frac{T}{T_c}\right)^2\right\}$$

wiedergegeben wird.

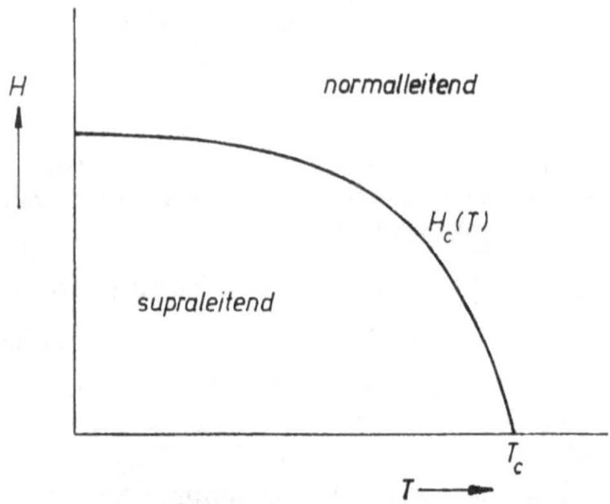

Abb. 4. Schematische Darstellung der Temperaturabhängigkeit des kritischen Magnetfeldes $H_c(T)$, bei dessen Anlegen an einen Supraleiter der supraleitende Zustand zerstört wird (Phasendiagramm des Supraleiters in der H-T-Ebene)

1.4. Dauerströme und Flußquantisierung

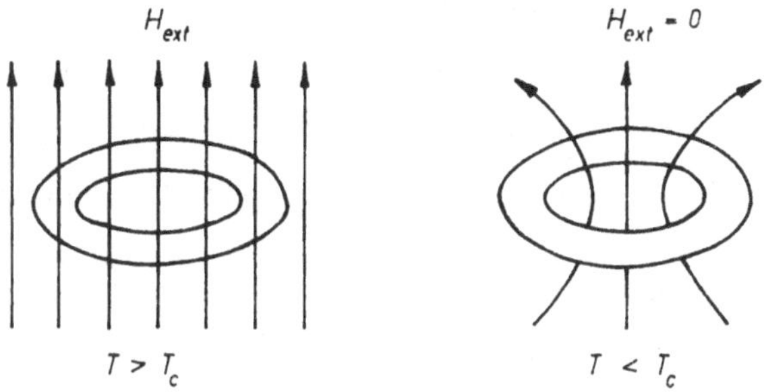

Abb. 5. Die Magnetfeldlinien, welche von einem supraleitenden Ring umschlossen werden, bleiben in ihm gefangen, wenn das Magnetfeld abgeschaltet wird

Wir betrachten einen Ring in einem Magnetfeld, das wir vorübergehend mit $\boldsymbol{H}_{\text{ext}}$ bezeichnen. Kühlen wir den Ring bis zum Einsatz der Supraleitung ab, so wird das Magnetfeld aus ihm verdrängt. Schalten wir nun das äußere Magnetfeld $\boldsymbol{H}_{\text{ext}}$ ab, so können die vom Ring umschlossenen Feldlinien diesen nicht verlassen und bleiben in ihm gefangen (Abb. 5). Diese Entdeckung wurde von KAMERLINGH ONNES 1914 gemacht. Das eingefangene Magnetfeld wird von den im Ring fließenden *Dauerströmen* aufrechterhalten. Ihre Lebensdauer ist so groß, daß KAMERLINGH ONNES einen supraleitenden Ring mit seinem Dauerstrom von Leiden nach Cambridge transportieren konnte.

Im Jahre 1961 fanden DEAVER und FAIRBANK sowie DOLL und NÄBAUER, daß der vom Ring eingeschlossene magnetische Fluß quantisiert ist:

$$\int \boldsymbol{B} \, \mathrm{d}\boldsymbol{f} = n \cdot \Phi_0 \qquad (n = 0, 1, 2 \ldots).$$

Dabei ist das *Flußquant* Φ_0 gegeben durch

$$\Phi_0 = \frac{hc}{2|e|} = 2{,}07 \cdot 10^{-11}\ \mathrm{T} \cdot \mathrm{cm}^2.$$

Diese *Flußquantisierung* war bereits von F. LONDON 1950

vorhergesagt worden, jedoch sollte nach LONDON das Flußquant doppelt so groß, nämlich $\frac{hc}{|e|}$ sein. Genaue Experimente ergeben Abweichungen vom Flußquant Φ_0, falls der Ring sehr dünn ist. Daß das Flußquant $\frac{hc}{2|e|}$ ist anstatt $\frac{hc}{|e|}$, deutet darauf hin, daß es von umlaufenden Objekten mit der Ladung $2e$ erzeugt wird. Darauf wird noch zurückzukommen sein.

1.5. Spezifische Wärme

Untersuchungen der Temperaturabhängigkeit der spezifischen Wärme $C_v(T)$ von KEESOM und KOK (1932) in der Umgebung von T_c zeigten, daß diese beim Übergang zum supraleitenden Zustand eine sprunghafte Änderung erfährt (Abb. 6).

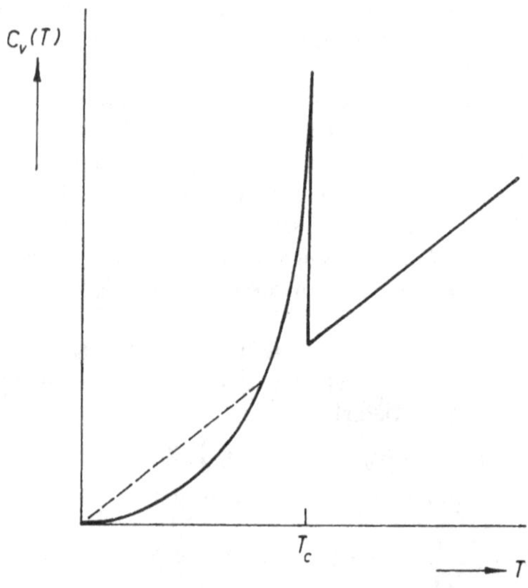

Abb. 6. Die spezifische Wärme eines Supraleiters zeigt für $T = T_c$ eine Singularität und verschwindet für $T_c > T \to 0$ exponentiell

Dabei tritt keine latente Umwandlungswärme auf, das bedeutet, daß die Entropie sich beim Übergang in den supraleitenden Zustand nicht ändert. Dies sind die Charakteristika für einen Phasenübergang zweiter Ordnung:

$$S \text{ stetig bei } T = T_c,$$

$$C_v(T) = T\left(\frac{\partial S}{\partial T}\right)_v \text{ unstetig bei } T = T_c.$$

Für $T \ll T_c$ gilt, wie von Corak und Mitarbeitern 1954 gefunden wurde,

$$C_v(T) \sim e^{-\frac{\Delta}{k_B T}},$$

d. h., die spezifische Wärme verschwindet exponentiell.

Daraus ergibt sich ein wichtiger Hinweis für die Zustandsdichte der supraleitenden Elektronen auf der Fermi-Fläche. Für ein ideales Fermi-Gas gilt (pro Teilchen)

$$c_v(T) = \frac{\partial}{\partial T}\frac{\pi^2}{4}\mu\left(\frac{k_B T}{\mu}\right)^2,$$

denn die mittlere thermische Anregungsenergie pro Teilchen ist $\sim k_B T$ und die mittlere Zahl der angeregten Teilchen ist ebenfalls $\sim k_B T$ (Abb. 7). Es zeigt sich nun offenbar ein exponentielles Verhalten der spezifischen Wärme, wenn die mittlere Zahl der angeregten Teilchen $\sim e^{-\frac{\Delta}{k_B T}}$ ist, was sich ergibt, wenn das Spektrum der Einteilchenenergien für $\varepsilon \to \mu$ eine Lücke aufweist. Diese Lücke erweist sich als temperaturabhängig und verschwindet für $T \to T_c$ (Abb. 8).

1.6. Isotopeneffekt

Im Jahre 1950 machten Reynolds, Serin, Wright und Nesbitt sowie Maxwell eine Entdeckung, die zu einem entscheidenden Schritt in Richtung auf das

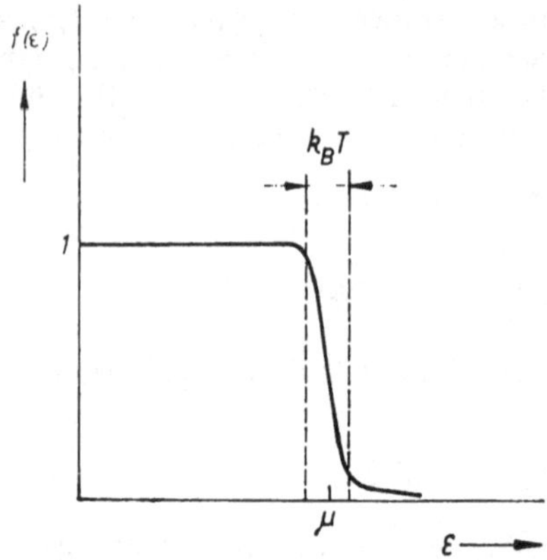

Abb. 7. Energieverteilung der Teilchen eines idealen Fermi-Gases. Die mittlere thermische Anregungsenergie $\sim k_B T$ wird nur von dem Bruchteil der Teilchen übernommen, welche in dem schmalen Energieintervall der Breite $\sim k_B T$ um die Grenzenergie μ liegen

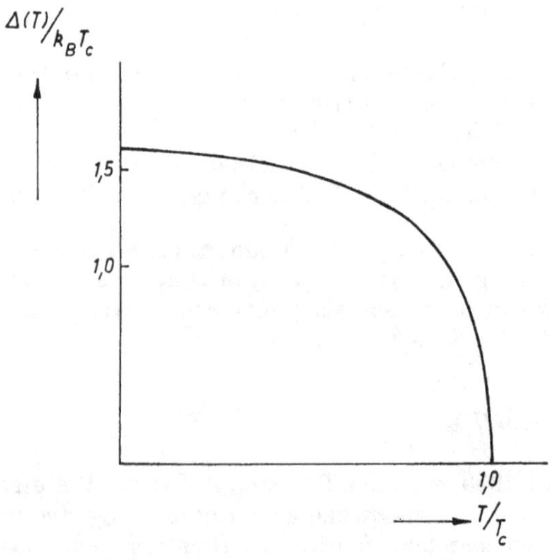

Abb. 8. Temperaturabhängigkeit der Energielücke $\Delta(T)$

mikroskopische Verständnis der Supraleitung Anlaß gab: Sie entdeckten den *Isotopeneffekt*. Er besteht darin, daß für verschiedene Isotope eines supraleitenden Materials zwischen T_c und der Ionenmasse M die Beziehung

$$T_c \sqrt{M} \simeq \text{const}$$

besteht. Diese Entdeckung bestätigte H. FRÖHLICHS Vermutung, daß die Supraleitung nichts mit der Coulomb-Wechselwirkung der Elektronen untereinander zu tun hat, sondern von der Elektron-Phonon-Wechselwirkung[1]) herrühren könnte.

2. Elektrodynamik und Thermodynamik des supraleitenden Zustandes

2.1. *Maxwellsche Gleichungen*[2])

Ein elektromagnetisches Feld im Vakuum, welches von Ladungs- und Stromverteilungen $\varrho_{ext}(\boldsymbol{r}, t)$ und $\boldsymbol{j}_{ext}(\boldsymbol{r}, t)$ erzeugt wird, gehorcht den Maxwellschen Gleichungen

$$\operatorname{div} \boldsymbol{E}_{ext}(\boldsymbol{r}, t) = 4\pi\varrho_{ext}(\boldsymbol{r}, t), \qquad \operatorname{div} \boldsymbol{B}_{ext}(\boldsymbol{r}, t) \equiv 0$$

$$\operatorname{rot} \boldsymbol{E}_{ext}(\boldsymbol{r}, t) = -\frac{1}{c} \dot{\boldsymbol{B}}_{ext}(\boldsymbol{r}, t)$$

$$\operatorname{rot} \boldsymbol{B}_{ext}(\boldsymbol{r}, t) = \frac{4\pi}{c} \boldsymbol{j}_{ext}(\boldsymbol{r}, t) + \frac{1}{c} \dot{\boldsymbol{E}}_{ext}(\boldsymbol{r}, t).$$

Bringen wir nun einen Körper in das Feld, so liegt im Inneren desselben ein elektromagnetisches Feld $\boldsymbol{E}(\boldsymbol{r}, t), \boldsymbol{B}(\boldsymbol{r}, t)$ vor, dessen Quellen die äußeren Ströme und Ladungen sowie die induzierten Ströme $\boldsymbol{j}_{ind}(\boldsymbol{r}, t)$ und $\varrho_{ind}(\boldsymbol{r}, t)$ sind, so daß für

---

[1]) Dabei handelt es sich um die Streuung der Elektronen an den thermischen Schwingungen der atomaren Kristallbausteine. Die Elektron-Phonon-Wechselwirkung wird ausführlicher im Abschnitt 5.3. dargestellt.

[2]) Dieses Kapitel ist teilweise der rekapitulierenden Behandlung einiger allgemeiner Tatsachen aus der Elektrodynamik und Thermodynamik gewidmet, die erst in den Abschnitten 2.2. und 2.4. in Beziehung zur Supraleitung treten. Der theoretisch versierte Leser kann daher die Abschnitte 2.1. und 2.3. überschlagen.

dieses Feld die Maxwell-Gleichungen

$$\left.\begin{aligned} &\operatorname{div} \boldsymbol{E}(\boldsymbol{r}, t) = 4\pi\{\varrho_{\text{ext}}(\boldsymbol{r}, t) + \varrho_{\text{ind}}(\boldsymbol{r}, t)\}, \quad \operatorname{div} \boldsymbol{B}(\boldsymbol{r}, t) = 0 \\ &\operatorname{rot} \boldsymbol{E}(\boldsymbol{r}, t) = -\frac{1}{c}\, \dot{\boldsymbol{B}}(\boldsymbol{r}, t), \\ &\operatorname{rot} \boldsymbol{B}(\boldsymbol{r}, t) = \frac{4\pi}{c}\, \{\boldsymbol{j}_{\text{ext}}(\boldsymbol{r}, t) + \boldsymbol{j}_{\text{ind}}(\boldsymbol{r}, t)\} + \frac{1}{c}\, \dot{\boldsymbol{E}}(\boldsymbol{r}, t) \end{aligned}\right\} \tag{2.1}$$

gelten.
Wir wollen nun voraussetzen daß die äußeren Felder makroskopisch sind, d. h. räumlich schwach variabel in bezug auf die interatomaren Distanzen im betrachteten Körper, und das mikroskopische Totalfeld $\boldsymbol{E}(\boldsymbol{r}, t)$ und $\boldsymbol{B}(\boldsymbol{r}, t)$ in (2.1) durch Mittelung über Volumina, welche eine größere Anzahl von Atomen enthalten, durch das makroskopische Totalfeld ersetzen.

Schreiben wir

$$\varrho_{\text{ind}}(\boldsymbol{r}, t) = -\operatorname{div} \boldsymbol{P}(\boldsymbol{r}, t),$$

$$\boldsymbol{j}_{\text{ind}}(\boldsymbol{r}, t) = \dot{\boldsymbol{P}}(\boldsymbol{r}, t) + c \operatorname{rot} \boldsymbol{M}(\boldsymbol{r}, t)$$

und führen so die Polarisierung $\boldsymbol{P}(\boldsymbol{r}, t)$ und die Magnetisierung $\boldsymbol{M}(\boldsymbol{r}, t)$ ein sowie die Felder

$$\boldsymbol{D}(\boldsymbol{r}, t) = \boldsymbol{E}(\boldsymbol{r}, t) + 4\pi \boldsymbol{P}(\boldsymbol{r}, t),$$

$$\boldsymbol{H}(\boldsymbol{r}, t) = \boldsymbol{B}(\boldsymbol{r}, t) - 4\pi \boldsymbol{M}(\boldsymbol{r}, t),$$

so nehmen die Gleichungen (2.1) die Gestalt

$$\left.\begin{aligned} &\operatorname{div} \boldsymbol{D}(\boldsymbol{r}, t) = 4\pi\varrho_{\text{ext}}(\boldsymbol{r}, t), \qquad \operatorname{div} \boldsymbol{B}(\boldsymbol{r}, t) = 0, \\ &\operatorname{rot} \boldsymbol{E}(\boldsymbol{r}, t) = -\frac{1}{c}\, \dot{\boldsymbol{B}}(\boldsymbol{r}, t), \\ &\operatorname{rot} \boldsymbol{H}(\boldsymbol{r}, t) = \frac{4\pi}{c}\, \boldsymbol{j}_{\text{ext}}(\boldsymbol{r}, t) + \frac{1}{c}\, \dot{\boldsymbol{D}}(\boldsymbol{r}, t) \end{aligned}\right\} \tag{2.2}$$

an. Aus ihnen ergibt sich der Energieerhaltungssatz in der Form

$$\frac{c}{4\pi} \operatorname{div} [\boldsymbol{E}(\boldsymbol{r}, t) \times \boldsymbol{H}(\boldsymbol{r}, t)] + \boldsymbol{j}_{\text{ext}}(\boldsymbol{r}, t)\, \boldsymbol{E}(\boldsymbol{r}, t)$$
$$+ \frac{1}{4\pi} \{\boldsymbol{E}(\boldsymbol{r}, t)\, \dot{\boldsymbol{D}}(\boldsymbol{r}, t) + \boldsymbol{H}(\boldsymbol{r}, t)\, \dot{\boldsymbol{B}}(\boldsymbol{r}, t)\} = 0.$$

Für die Energiedichte $u(\boldsymbol{r}, t)$ im Medium, wo wir $\boldsymbol{j}_{\text{ext}}(\boldsymbol{r}, t) \equiv 0$ annehmen, folgt daraus insbesondere

$$\frac{\partial u(\boldsymbol{r}, t)}{\partial t} = \frac{1}{4\pi} \{\boldsymbol{E}(\boldsymbol{r}, t)\, \dot{\boldsymbol{D}}(\boldsymbol{r}, t) + \boldsymbol{H}(\boldsymbol{r}, t)\, \dot{\boldsymbol{B}}(\boldsymbol{r}, t)\}. \quad (2.3)$$

2.2. *Unendliche Leitfähigkeit und Meissner-Effekt*

Betrachten wir nun ein homogenes und isotropes Medium, welches den gesamten Raum erfüllt, so folgt aus $\varrho_{\text{ext}}(\boldsymbol{r}, t) \equiv 0$ auch $\varrho_{\text{ind}}(\boldsymbol{r}, t) \equiv 0$, und nach (2.1) gilt

$$\operatorname{div} \boldsymbol{E}(\boldsymbol{r}, t) \equiv 0, \qquad \operatorname{div} \boldsymbol{B}(\boldsymbol{r}, t) \equiv 0,$$

$$\operatorname{rot} \boldsymbol{E}(\boldsymbol{r}, t) = -\frac{1}{c} \dot{\boldsymbol{B}}(\boldsymbol{r}, t),$$

$$\operatorname{rot} \boldsymbol{B}(\boldsymbol{r}, t) = \frac{4\pi}{c} \{\boldsymbol{j}_{\text{ext}}(\boldsymbol{r}, t) + \boldsymbol{j}_{\text{ind}}(\boldsymbol{r}, t)\} + \frac{1}{c} \dot{\boldsymbol{E}}(\boldsymbol{r}, t).$$

Die Felder $\boldsymbol{E}(\boldsymbol{r}, t)$ und $\boldsymbol{B}(\boldsymbol{r}, t)$ sind rein transversal. Nehmen wir überdies an, daß die Felder zeitlich so langsam variieren, daß wir den Verschiebungsstrom $\frac{1}{c} \dot{\boldsymbol{E}}(\boldsymbol{r}, t)$ als Quelle von $\boldsymbol{B}(\boldsymbol{r}, t)$ vernachlässigen können, so haben wir zur Berechnung des elektromagnetischen Feldes nur noch die Gleichungen

$$\operatorname{rot} \boldsymbol{E}(\boldsymbol{r}, t) = -\frac{1}{c} \dot{\boldsymbol{B}}(\boldsymbol{r}, t),$$

$$\operatorname{rot} \boldsymbol{B}(\boldsymbol{r}, t) = \frac{4\pi}{c} \{\boldsymbol{j}_{\text{ext}}(\boldsymbol{r}, t) + \boldsymbol{j}_{\text{ind}}(\boldsymbol{r}, t)\}$$

zu lösen. Dazu benötigen wir noch eine weitere Relation für $\boldsymbol{j}_{\text{ind}}(\boldsymbol{r}, t)$, die die speziellen elektrodynamischen Eigenschaften des Systems zum Ausdruck bringt. Üblicherweise verknüpft man die induzierte Stromdichte mit dem elektromagnetischen Feld durch eine lineare Relation der Form (für ein homogenes System)

$$\boldsymbol{j}_{\text{ind}}(\boldsymbol{r}, t) = \int_{-\infty}^{-\infty} \mathrm{d}^3\boldsymbol{r}' \, \mathrm{d}t' \sigma(\boldsymbol{r} - \boldsymbol{r}', t - t') \, \boldsymbol{E}(\boldsymbol{r}', t'), \tag{2.4}$$

wobei die Größe $\sigma(\boldsymbol{r} - \boldsymbol{r}', t - t')$ der Leitfähigkeitstensor ist. Wir verfahren etwas anders, indem wir zunächst das Vektorpotential $\boldsymbol{A}(\boldsymbol{r}, t)$ einführen:

$$\boldsymbol{B}(\boldsymbol{r}, t) = \operatorname{rot} \boldsymbol{A}(\boldsymbol{r}, t), \qquad \operatorname{div} \boldsymbol{A}(\boldsymbol{r}, t) \equiv 0 \tag{2.5}$$

und mit rot rot = grad div $-\Delta$ schreiben wir

$$-\Delta \boldsymbol{A}(\boldsymbol{r}, t) = \frac{4\pi}{c} \{\boldsymbol{j}_{\text{ext}}(\boldsymbol{r}, t) + \boldsymbol{j}_{\text{ind}}(\boldsymbol{r}, t)\}. \tag{2.6}$$

Die Materialeigenschaften beschreiben wir nun durch eine Funktion $K(\boldsymbol{r} - \boldsymbol{r}', t - t')$, welche die induzierte Stromdichte mit dem Vektorpotential linear verknüpft durch

$$\frac{4\pi}{c} \boldsymbol{j}_{\text{ind}}(\boldsymbol{r}, t) = -\int_{-\infty}^{+\infty} \mathrm{d}^3\boldsymbol{r}' \, \mathrm{d}t' K(\boldsymbol{r} - \boldsymbol{r}', t - t') \, \boldsymbol{A}(\boldsymbol{r}', t'), \tag{2.7}$$

so daß wir gemäß (2.6) haben

$$-\Delta \boldsymbol{A}(\boldsymbol{r}, t) + \int_{-\infty}^{+\infty} \mathrm{d}^3\boldsymbol{r}' \, \mathrm{d}t' K(\boldsymbol{r} - \boldsymbol{r}', t - t') \, \boldsymbol{A}(\boldsymbol{r}', t')$$

$$= \frac{4\pi}{c} \boldsymbol{j}_{\text{ext}}(\boldsymbol{r}, t). \tag{2.8}$$

Beachten wir, daß

$$\boldsymbol{E}(\boldsymbol{r}, t) = -\frac{1}{c} \dot{\boldsymbol{A}}(\boldsymbol{r}, t)$$

gilt, so folgt aus (2.7) und (2.4) eine Beziehung zwischen der transversalen Leitfähigkeit $\sigma(\boldsymbol{r} - \boldsymbol{r}', t - t')$ und der

Funktion $K(\boldsymbol{r} - \boldsymbol{r}', t - t')$, nämlich

$$\int_{-\infty}^{+\infty} d^3\boldsymbol{r}'\, dt' \sigma(\boldsymbol{r} - \boldsymbol{r}', t - t') \boldsymbol{E}(\boldsymbol{r}', t')$$
$$= \frac{c^2}{4\pi} \int_{-\infty}^{+\infty} d^3\boldsymbol{r}'\, dt' K(\boldsymbol{r} - \boldsymbol{r}', t - t') \int_{-\infty}^{t'} dt'' \boldsymbol{E}(\boldsymbol{r}, t'').$$

Diese Relation läßt sich leicht auflösen mit Hilfe der $\theta(t)$-Funktion

$$\theta(t) = \begin{cases} 1 & t > 0 \\ 0 & t < 0 \end{cases}$$

zu

$$\sigma(\boldsymbol{r} - \boldsymbol{r}', t - t') = \frac{c^2}{4\pi} \int_{-\infty}^{+\infty} K(\boldsymbol{r} - \boldsymbol{r}', t - t'')\, \theta(t'' - t')\, dt''. \tag{2.9}$$

Wir führen nun für alle hier interessierenden Größen Fourier-Darstellungen nach dem Vorbild von

$$\boldsymbol{A}(\boldsymbol{r}, t) = \int \frac{d^3\boldsymbol{q}}{8\pi^3} \int_{-\infty}^{+\infty} \frac{d\omega}{2\pi} \boldsymbol{A}(\boldsymbol{q}, \omega)\, e^{i(\boldsymbol{q}\boldsymbol{r} - \omega t)}$$

ein. Dann folgt aus (2.8) sofort

$$\{q^2 + K(\boldsymbol{q}, \omega)\} \boldsymbol{A}(\boldsymbol{q}, \omega) = \frac{4\pi}{c} \boldsymbol{j}_{\text{ext}}(\boldsymbol{q}, \omega). \tag{2.10}$$

Ziehen wir noch (2.5) heran, so erhalten wir

$$\boldsymbol{B}(\boldsymbol{r}, t) = \frac{4\pi}{c} \int \frac{d^3\boldsymbol{q}}{8\pi^3} \int \frac{d\omega}{2\pi} \frac{i\boldsymbol{q} \times \boldsymbol{j}_{\text{ext}}(\boldsymbol{q}, t)}{q^2 + K(\boldsymbol{q}, \omega)} e^{i(\boldsymbol{q}\boldsymbol{r} - \omega t)}. \tag{2.11}$$

Beachten wir ferner, daß die Funktion $\theta(t)$ die Fourier-

Darstellung

$$\theta(t) = \lim_{\varepsilon \to +0} \int_{-\infty}^{+\infty} \frac{d\omega}{2\pi} \frac{i}{\omega + i\varepsilon} e^{-i\omega t}$$

besitzt, so folgt aus (2.9)

$$\sigma(\boldsymbol{q}, \omega) = \lim_{\varepsilon \to +0} \frac{c^2}{4\pi} \frac{iK(\boldsymbol{q}, \omega)}{\omega + i\varepsilon}$$

bzw. mit[1])

$$\lim_{\varepsilon \to +0} \frac{1}{\omega + i\varepsilon} = \frac{P}{\omega} - i\pi\,\delta(\omega)$$

schließlich

$$\sigma(\boldsymbol{q}, \omega) = \frac{c^2}{4\pi} \left\{ iP \frac{K(\boldsymbol{q}, \omega)}{\omega} + \pi\delta(\omega)\, K(\boldsymbol{q}, \omega) \right\}.$$

Zerlegen wir diesen Ausdruck noch gemäß

$$\sigma(\boldsymbol{q}, \omega) = \sigma'(\boldsymbol{q}, \omega) + i\sigma''(\boldsymbol{q}, \omega)$$

in Real- und Imaginärteil, so ergeben sich die Relationen

$$\left.\begin{aligned} \sigma'(\boldsymbol{q}, \omega) &= \frac{c^2}{4}\, \delta(\omega) \cdot K'(\boldsymbol{q}, \omega) - \frac{c^2}{4\pi} P \frac{K''(\boldsymbol{q}, \omega)}{\omega}, \\ \sigma''(\boldsymbol{q}, \omega) &= \frac{c^2}{4\pi} P \frac{K'(\boldsymbol{q}, \omega)}{\omega} + \frac{c^2}{4}\, \delta(\omega)\, K''(\boldsymbol{q}, \omega). \end{aligned}\right\} \quad (2.12)$$

Offenbar muß, wie aus (2.7) folgt

$$K(\boldsymbol{q}, \omega) = K(q, \omega)$$

gelten im homogenen und isotropen Medium, ferner

$$K(\boldsymbol{q}, \omega) = K(-\boldsymbol{q}, -\omega)^*,$$

[1]) Siehe z. B. W. BRAUER, H.-W. STREITWOLF, Theoretische Grundlagen der Halbleiterphysik, WTB Band 119, Akademie-Verlag Berlin 1977, Appendix 5.

also

$$K(q, \omega) = K(q, -\omega)^*. \tag{2.13}$$

Entsprechende Relationen gelten für $\sigma(\boldsymbol{q}, \omega)$. Aus (2.13) entnehmen wir

$$K'(q, \omega) = K'(q, -\omega), \qquad K''(q, \omega) = -K''(q, -\omega)$$

und insbesondere

$$K''(q, 0) = 0,$$

falls $K''(q, 0)$ endlich ist.

Die Beziehungen (2.12) besagen nun, daß, falls

$$\lim_{\omega \to 0} \lim_{q \to 0} K'(q, \omega) \neq 0, \tag{2.14}$$

die Leitfähigkeit $\sigma'(q, \omega)$ unendlich wird. Dieser Fall liegt vor, wenn sich wenigstens ein Teil des Systems wie ein freies Elektronengas verhält, für welches

$$\sigma(0, \omega) = \lim_{\varepsilon \to +0} \frac{n_e e^2}{m} \frac{1}{i(\omega + i\varepsilon)}$$

gilt. Die Eigenschaft (2.14) der Funktion $K(q, \omega)$ ist also hinreichend für das Auftreten einer unendlichen Leitfähigkeit.

Um eine hinreichende Bedingung für den MEISSNER-Effekt zu finden, betrachten wir (2.11). Zunächst bemerken wir, daß nach (2.2) bei Vernachlässigung des Verschiebungsstromes

$$\boldsymbol{H}(\boldsymbol{r}, t) = \frac{4\pi}{c} \int \frac{d^3\boldsymbol{q}}{8\pi^3} \int \frac{d\omega}{2\pi} \frac{i\boldsymbol{q} \times \boldsymbol{j}_{\text{ext}}(\boldsymbol{q}, \omega)}{q^2} e^{i(\boldsymbol{q}\boldsymbol{r} - \omega t)} \tag{2.15}$$

ist. Definieren wir die magnetische Permeabilität $\mu(\boldsymbol{q}, \omega)$ durch

$$\boldsymbol{B}(\boldsymbol{q}, \omega) = \mu(\boldsymbol{q}, \omega) \, \boldsymbol{H}(\boldsymbol{q}, \omega),$$

so folgt aus (2.15) und (2.11)

$$\mu^{-1}(\boldsymbol{q}, \omega) = 1 + \frac{K(\boldsymbol{q}, \omega)}{q^2} \tag{2.16}$$

und insbesondere

$$\mu'(q, 0) = \left\{1 + \frac{K'(q, 0)}{q^2}\right\}^{-1}.$$

Aus Gründen der Stabilität des Systems muß diese Größe positiv sein:

$$1 + \frac{K'(q, 0)}{q^2} > 0,$$

d. h.,

$$q^2 + K'(q, 0) \geqq 0$$

darf für reelles q höchstens für $q = 0$ verschwinden. Nun besagt (2.11), daß, wenn $q^2 + K(q, 0)$ keine Nullstelle auf der reellen Achse hat, $\boldsymbol{B}(\boldsymbol{r})$ im Inneren des Systems exponentiell verschwindet, das ist gerade der MEISSNER-Effekt. Eine hinreichende Bedingung für den MEISSNER-Effekt ist also

$$\lim_{q \to 0} \lim_{\omega \to 0} K'(q, \omega) \neq 0. \tag{2.17}$$

MEISSNER-Effekt und unendliche Leitfähigkeit implizieren einander also nicht, das homogene Elektronengas z. B. zeigt unendliche Leitfähigkeit, aber keinen MEISSNER-Effekt.

Nach (2.16) besteht zwischen der transversalen magnetischen Suszeptibilität

$$\chi(\boldsymbol{q}, \omega) \equiv \frac{1}{4\pi}\left(1 - \mu^{-1}(\boldsymbol{q}, \omega)\right)$$

und $K(q, \omega)$ die Beziehung

$$\chi(\boldsymbol{q}, \omega) = -\frac{K(q, \omega)}{4\pi q^2}. \tag{2.18}$$

Es gilt also im supraleitenden Zustand

$$\lim_{q\to 0} \lim_{\omega\to 0} \chi(q, \omega) \to -\infty .$$

Das ist der *ideale Diamagnetismus* des Supraleiters.

2.3. *Allgemeine thermodynamische Relationen*

Wir betrachten ein physikalisch und chemisch einheitliches, räumlich homogenes System im Kontakt mit einem Wärmebehälter der Temperatur T und in Wechselwirkung mit gewissen makroskopischen Körpern. Diese Wechselwirkung sei von der Art, daß bei einer infinitesimalen Änderung des Zustandes dieser Körper, die wir durch die Parameter $\mathrm{d}q_\alpha$ bezeichnen, am System die Arbeit

$$\mathrm{d}A = -\sum_\alpha Q_\alpha \, \mathrm{d}q_\alpha$$

geleistet wird. Thermodynamisch ist das System durch die freie Energie $F = F(T, q_\alpha)$ charakterisiert. Für eine Veränderung der Parameter q_α und eine Temperaturänderung gilt im thermodynamischen Gleichgewicht

$$\mathrm{d}F = -S \, \mathrm{d}T + \mathrm{d}A = -S \, \mathrm{d}T - \sum_\alpha Q_\alpha \, \mathrm{d}q_\alpha . \tag{2.19}$$

Dabei ist $S = S(T, q_\alpha)$ die Entropie des Systems. Daher ist

$$S = -\left(\frac{\partial F}{\partial T}\right)_{q_\alpha}, \qquad Q_\alpha = -\left(\frac{\partial F}{\partial q_\alpha}\right)_T . \tag{2.20}$$

Die innere Energie des Systems $U = U(S, T, q_\alpha)$ ist gegeben durch

$$U = F + TS,$$

so daß

$$\mathrm{d}U = T \, \mathrm{d}S - \sum_a Q_\alpha \, \mathrm{d}q_\alpha$$

ist. Halten wir die Parameter q_α konstant und führen wir dem System die Wärmemenge

$$\mathrm{d}Q = T \, \mathrm{d}S$$

zu, so können wir diese durch die Temperaturerhöhung $\mathrm{d}T$ und die spezifische Wärme $C_{q\alpha}$ bei konstanten q_α ausdrücken gemäß

$$\mathrm{d}Q = C_{q\alpha}\,\mathrm{d}T\,,$$

so daß

$$C_{q\alpha} = T\left(\frac{\partial S}{\partial T}\right)_{q\alpha}$$

ist und mit (2.20) gilt

$$C_{q\alpha} = -T\left(\frac{\partial^2 F}{\partial T^2}\right)_{q\alpha}.$$

Statt durch T und q_α können wir das System auch durch die freie Enthalpie (Gibbssches Potential) $G(T, Q_\alpha)$ charakterisieren, die wir durch

$$G = F + \sum_\alpha Q_\alpha q_\alpha \tag{2.21}$$

definieren, so daß also

$$G = U - TS + \sum_\alpha Q_\alpha q_\alpha \tag{2.22}$$

ist. Für $G(T, Q_\alpha)$ resultiert aus (2.19) und (2.21)

$$\mathrm{d}G = -S\,\mathrm{d}T + \sum_\alpha q_\alpha\,\mathrm{d}Q_\alpha\,,$$

und also gilt

$$S(T, Q_\alpha) = -\left(\frac{\partial G}{\partial T}\right)_{Q\alpha}, \qquad q_\alpha = \left(\frac{\partial G}{\partial Q_\alpha}\right)_T,$$

so daß die spezifische Wärme bei konstanten Q_α lautet:

$$C_{Q\alpha} = -T\left(\frac{\partial^2 G}{\partial T^2}\right)_{Q\alpha}.$$

Wir betrachten nun das thermodynamische Gleichgewicht zweier Phasen, welche die gemeinsame Temperatur T besitzen. Der Zustand der Körper der Umgebung, mit dem beide Phasen wechselwirken, werde durch die Parameter Q_α beschrieben, die Teilchenzahl der Phasen a und b bezeichnen wir mit N_a und N_b. Dann definieren wir die Änderung $\mathrm{d}G$ der gesamten freien Enthalpie dieses Systems durch

$$\mathrm{d}G = -S\,\mathrm{d}T + \sum_\alpha q_\alpha\,\mathrm{d}Q_\alpha + \mu_a\,\mathrm{d}N_a + \mu_b\,\mathrm{d}N_b\,. \tag{2.23}$$

Die Größen

$$\left(\frac{\partial G}{\partial N_i}\right)_{T,Q_\alpha,N_{j\neq i}} = \mu_i \qquad (i = a,\, b) \tag{2.24}$$

bezeichnet man als die chemischen Potentiale der Phasen a und b.

Bei gegebenen Werten der Variablen T, Q_α, N_a, N_b ist im thermodynamischen Gleichgewicht die freie Enthalpie minimal. Halten wir T und Q_α fest, so gilt daher

$$\delta G = \mu_a \delta N_a + \mu_b \delta N_b = 0$$

und insbesondere bei fester Gesamtteilchenzahl $N_a + N_b = N$

$$\mu_a = \mu_b = \mu. \tag{2.25}$$

Diese Gleichgewichtsbedingung können wir noch in eine für unsere Zwecke geeignetere Form bringen, indem wir annehmen, daß die Phasen a und b homogen sind. Das bedeutet, daß bei einer Entropieänderung

$$\mathrm{d}S = \frac{1}{T}\left\{\mathrm{d}U + \sum_\alpha Q_\alpha\,\mathrm{d}q_\alpha - \mu\,\mathrm{d}N\right\}$$

der gesamten, das Volumen V des Systems erfüllenden Phase die Änderung der Entropie eines beliebigen Teilbereiches mit dem Volumen λV gegeben ist durch $\lambda\,\mathrm{d}S$ und daß

$$\lambda\,\mathrm{d}S = \frac{1}{T}\left\{\lambda\,\mathrm{d}U + \lambda \sum_\alpha Q_\alpha\,\mathrm{d}q_\alpha - \lambda\mu\,\mathrm{d}N\right\} \tag{2.26}$$

ist. Aus (2.26) folgt, daß die Entropie $S(U, q_\alpha, N)$ einer homogenen Phase eine homogene Funktion ersten Grades ist:

$$\lambda S = S(\lambda U, \lambda q_\alpha, \lambda N).$$

Differenziert man dies nach λ und setzt anschließend $\lambda = 1$, so folgt

$$S = \left(\frac{\partial S}{\partial U}\right)_{q_\alpha,N} U + \left(\frac{\partial S}{\partial q_\alpha}\right)_{U,N} q_\alpha - \left(\frac{\partial S}{\partial N}\right)_{q_\alpha U} N,$$

d. h.

$$TS = U + \sum_\alpha Q_\alpha q_\alpha - \mu N$$

bzw. mit (2.22)

$$\mu N = U - TS + \sum_\alpha Q_\alpha q_\alpha = G.$$

Dies ist die Gibbs-Duham-Gleichung, welche also für eine homogene Phase besagt, daß das chemische Potential μ gleich der freien Enthalpie pro Teilchen ist:

$$\mu = \frac{G}{N} = g.$$

Da andererseits nach (2.24)

$$\left(\frac{\partial G}{\partial N}\right)_{T,Q_\alpha} = \mu$$

ist, folgt, daß g nur noch von T und Q_α, aber nicht mehr von N abhängt. Die Gleichgewichtsbedingung (2.25) nimmt daher die Form

$$g_a(T, Q_\alpha) = g_b(T, Q_\alpha) \tag{2.27}$$

an.

Im Falle, daß die Wechselwirkung des Systems mit der Umgebung nur durch einen Parameter Q_α beschrieben wird, definiert sie die Koexistenzkurve der Phasen a und b in der T-Q_α-Ebene. Im allgemeinen ist also für vorgegebenes T und Q_α nur eine der Phasen a oder b realisiert, und es gilt dann für diese Phase

$$s = s_i = -\left(\frac{\partial g_i}{\partial T}\right)_{Q_\alpha} \qquad (i = a \text{ oder } b)$$

$$q_\alpha = q_\alpha^{(i)} = N\left(\frac{\partial g_i}{\partial Q_\alpha}\right)_T.$$

Nur für die durch die Koexistenzkurve $Q_\alpha = Q_\alpha(T)$ definierten Werte von Q_α sind beide Phasen zugleich realisiert und miteinander im Gleichgewicht.

Durch Differentiation von (2.27) folgt

$$-s_a\,\mathrm{d}T + \frac{q_\alpha^{(a)}}{N}\,\mathrm{d}Q_\alpha = s_b\,\mathrm{d}T + \frac{q_\alpha^{(b)}}{N}\,\mathrm{d}Q_\alpha$$

und also

$$\frac{\mathrm{d}Q_\alpha}{\mathrm{d}T} = N \frac{s_a - s_b}{q_\alpha^{(a)} - q_\alpha^{(b)}}. \tag{2.28}$$

Dies ist die Clausius-Clapeyron-Gleichung, die die Berechnung der Umwandlungswärme gestattet, welche zur vollständigen Umwandlung der Phase a in die Phase b aufzuwenden ist:

$$Q_{ab} = TN(s_a - s_b) = \{q_\alpha^{(a)} - q_\alpha^{(b)}\}\, T \frac{\mathrm{d}Q_\alpha}{\mathrm{d}T}. \tag{2.29}$$

2.4. Thermodynamik des Supraleiters

Wir spezialisieren nun die Aussagen des vorigen Abschnittes auf ein System in einem homogenen magnetischen Feld $\boldsymbol{H}$. Es gilt nach (2.3) pro Volumeneinheit für die vom Feld geleistete Arbeit

$$\mathrm{d}A = \frac{1}{4\pi} \boldsymbol{H}\, \mathrm{d}\boldsymbol{B}$$

und also nach (2.19) für die freie Energie

$$\mathrm{d}F = -S\, \mathrm{d}T + \frac{1}{4\pi} \boldsymbol{H}\, \mathrm{d}\boldsymbol{B}.$$

Da aber das Feld $\boldsymbol{H}$ durch die äußeren Ströme gegeben ist, benutzt man besser die freie Enthalpie

$$G = F - \frac{1}{4\pi} \boldsymbol{H}\boldsymbol{B} \tag{2.30}$$

und hat dann

$$\mathrm{d}G = -S\, \mathrm{d}T - \frac{1}{4\pi} \boldsymbol{B}\, \mathrm{d}\boldsymbol{H}. \tag{2.31}$$

Integration von (2.31) für $T = \text{const}$ ergibt

$$G(T, H) - G(T, 0) = -\frac{1}{4\pi} \int_0^{\boldsymbol{H}} \boldsymbol{B}(\boldsymbol{H})\, \mathrm{d}\boldsymbol{H}.$$

Im normalen Zustand ist in guter Näherung

$$\mu(\boldsymbol{H}) \approx 1, \qquad \boldsymbol{B}(\boldsymbol{H}) \approx \boldsymbol{H}$$

und daher

$$G_n(T, H) - G_n(T, 0) = -\frac{1}{8\pi} H^2. \tag{2.32}$$

Im supraleitenden Zustand ist $\boldsymbol{B} \equiv 0$ und somit

$$G_s(T, H) - G_s(T, 0) = 0. \tag{2.33}$$

Das kritische Magnetfeld $H_c(T)$ bestimmt sich aus der Gleichgewichtsbedingung für die Koexistenz des supraleitenden und des normalen Zustandes (vgl. (2.27))

$$g_n(T, H_c) = g_s(T, H_c)$$

bzw. pro Volumeneinheit, wenn wir von der äußerst geringen Volumenänderung beim Übergang in den supraleitenden Zustand absehen:

$$G_n(T, H_c) = G_s(T, H_c). \tag{2.34}$$

Kombinieren wir die Gleichungen (2.32) bis (2.34), so folgt die fundamentale Beziehung

$$G_s(T, 0) - G_n(T, 0) = -\frac{1}{8\pi} H_c^2(T). \tag{2.35}$$

Aus ihr lesen wir ab, daß beim Übergang in den supraleitenden Zustand die Umwandlungswärme $-\frac{1}{8\pi} H_c^2(T)$ frei wird.

Aus (2.32) folgt mit (2.33) und (2.35)

$$G_s(T, H) - G_n(T, H) = \frac{1}{8\pi} \left(H^2 - H_c^2(T)\right). \tag{2.36}$$

Für $H < H_c$ ist also $G_s(T, H) < G_n(T, H)$, d. h., der supraleitende Zustand ist der thermodynamische Gleichgewichtszustand des Systems. Ziehen wir die allgemeinen thermodynamischen Relationen

$$S = -\left(\frac{\partial G}{\partial T}\right)_H, \qquad C_G = -T\left(\frac{\partial^2 G}{\partial T^2}\right)_H$$

heran, so erhalten wir

$$S_s(T, H) - S_n(T, H) = \frac{1}{4\pi} H_c(T) \frac{\mathrm{d}H_c(T)}{\mathrm{d}T}, \quad (2.37)$$

$$C_s(T, H) - C_n(T, H) = \frac{1}{4\pi} T \left[\left(\frac{\mathrm{d}H_c(T)}{\mathrm{d}T}\right)^2 + H_c \frac{\mathrm{d}^2H_c(T)}{\mathrm{d}T^2}\right]. \quad (2.38)$$

Die Entropie des supraleitenden Zustandes liegt um den durch (2.37) gegebenen Betrag tiefer als die des Normalzustandes. Diese Entropiedifferenz ist unabhängig vom Magnetfeld. Ihr entspricht die Umwandlungswärme $T \cdot \frac{1}{4\pi} H_c(T) \frac{\mathrm{d}H_c(T)}{\mathrm{d}T}$, welche für $T = T_c$ verschwindet. Während also die Entropie am Umwandlungspunkt $T = T_c$ stetig ist, hat nach (2.38) die spezifische Wärme dort den Sprung

$$C_s(T_c) - C_n(T_c) = \frac{1}{4\pi} T_c \left(\frac{\mathrm{d}H_c(T)}{\mathrm{d}T}\right)^2_{T=T_c}.$$

Dieses Verhalten der Entropie und der spezifischen Wärme ist charakteristisch für einen Phasenübergang zweiter Ordnung. Für $H \neq 0$ findet der Übergang in den supraleitenden Zustand bei $T < T_c$ statt, und es tritt dabei eine Entropieänderung auf, der Phasenübergang ist dann von erster Ordnung.

3. Die phänomenologischen Theorien von London und Pippard

3.1. *Die Londonschen Gleichungen*

Die LONDONsche phänomenologische Theorie der Supraleitung (F. und H. LONDON 1935) beruht auf folgenden Annahmen:

I) Im supraleitenden Zustand des Körpers gibt es supraleitende Elektronen der Konzentration n_s und normalleitende Elektronen der Konzentration $n = n_e - n_s$, wobei n_e die Gesamtkonzentration der Elektronen bezeichnet.

II) Die supraleitenden Elektronen verhalten sich wie eine inkompressible ideale Flüssigkeit. Ihre Bewegung kann durch ein Geschwindigkeitsfeld $\boldsymbol{v}(\boldsymbol{r}, t)$ charakterisiert werden, dessen Quellen verschwinden:

$$\operatorname{div} \boldsymbol{v}(\boldsymbol{r}, t) = 0. \tag{3.1}$$

Für die Suprastromdichte $\boldsymbol{j}(\boldsymbol{r}, t)$ gilt ($e < 0$):

$$\boldsymbol{j}(\boldsymbol{r}, t) = n_s e \boldsymbol{v}(\boldsymbol{r}, t), \qquad \operatorname{div} \boldsymbol{j}(\boldsymbol{r}, t) = 0. \tag{3.2}$$

Die Bewegungsgleichung des Geschwindigkeitsfeldes $\boldsymbol{v}(\boldsymbol{r}, t)$ der supraleitenden Elektronen wird durch die Lorentz-Kraft beherrscht

$$\frac{\mathrm{d}\boldsymbol{v}(\boldsymbol{r}, t)}{\mathrm{d}t} = \frac{e}{m} \left\{ \boldsymbol{E}(\boldsymbol{r}, t) + \frac{1}{c} \left[\boldsymbol{v}(\boldsymbol{r}, t) \times \boldsymbol{B}(\boldsymbol{r}, t) \right] \right\}. \tag{3.3}$$

Dabei ist $\frac{d}{dt}$ die hydrodynamische (substantielle) Ableitung:

$$\begin{aligned} \frac{\mathrm{d}\boldsymbol{v}(\boldsymbol{r}, t)}{\mathrm{d}t} &= \frac{\partial \boldsymbol{v}(\boldsymbol{r}, t)}{\partial t} + (\boldsymbol{v}(\boldsymbol{r}, t), \operatorname{grad}) \, \boldsymbol{v}(\boldsymbol{r}, t) \\ &= \frac{\partial \boldsymbol{v}(\boldsymbol{r}, t)}{\partial t} + \operatorname{grad} \frac{1}{2} v^2(\boldsymbol{r}, t) - \boldsymbol{v}(\boldsymbol{r}, t) \times \operatorname{rot} \boldsymbol{v}(\boldsymbol{r}, t). \end{aligned} \tag{3.4}$$

Kombinieren wir (3.3) und (3.4), so ergibt sich

$$\frac{\partial \boldsymbol{v}(\boldsymbol{r}, t)}{\partial t} + \operatorname{grad} \frac{1}{2} v^2(\boldsymbol{r}, t)$$
$$= \frac{e}{m} \boldsymbol{E}(\boldsymbol{r}, t) + \boldsymbol{v}(\boldsymbol{r}, t) \times \left[\operatorname{rot} \boldsymbol{v}(\boldsymbol{r}, t) + \frac{e}{mc} \boldsymbol{B}(\boldsymbol{r}, t)\right]. \tag{3.5}$$

Wir definieren

$$\boldsymbol{Q}(\boldsymbol{r}, t) = \operatorname{rot} \boldsymbol{v}(\boldsymbol{r}, t) + \frac{e}{mc} \boldsymbol{B}(\boldsymbol{r}, t). \tag{3.6}$$

Für diese Größe resultiert aus (3.5) mit der Maxwellschen Gleichung

$$\operatorname{rot} \boldsymbol{E}(\boldsymbol{r}, t) = -\frac{1}{c} \dot{\boldsymbol{B}}(\boldsymbol{r}, t)$$

die einfache Bewegungsgleichung

$$\frac{\partial \boldsymbol{Q}(\boldsymbol{r}, t)}{\partial t} - \operatorname{rot} [\boldsymbol{v}(\boldsymbol{r}, t) \times \boldsymbol{Q}(\boldsymbol{r}, t)] = 0. \tag{3.7}$$

III) Aus (3.7) folgt, daß, falls $\boldsymbol{Q}(\boldsymbol{r}, t) \equiv 0$ ist, für einen Supraleiter bei abwesendem Magnetfeld auch $\boldsymbol{Q}(\boldsymbol{r}, t) \equiv 0$ bleibt, wenn ein Feld eingeschaltet wird. Da auf Grund des MEISSNER-Effekts geschlossen werden kann, daß der supraleitende Zustand ein thermodynamischer Gleichgewichtszustand ist, wird angenommen, daß für den Supraleiter stets

$$\boxed{\boldsymbol{Q}(\boldsymbol{r}, t) \equiv \operatorname{rot} \boldsymbol{v}(\boldsymbol{r}, t) + \frac{e}{mc} \boldsymbol{B}(\boldsymbol{r}, t) \equiv 0} \tag{3.8}$$

gilt.

Aus dieser ersten LONDONschen Gleichung folgt mit (3.5) die Gleichung

$$\frac{\partial \boldsymbol{v}(\boldsymbol{r}, t)}{\partial t} + \operatorname{grad} \left(\frac{1}{2} v^2(\boldsymbol{r}, t)\right) = \frac{e}{m} \boldsymbol{E}(\boldsymbol{r}, t).$$

Wie wir hier nicht näher ausführen wollen, ergibt der nichtlineare Term darin nur äußerst kleine Beiträge. In der LONDONschen Theorie wird er daher vernachlässigt und die zweite LONDONsche Gleichung in der Form

$$\boxed{\frac{\partial \boldsymbol{v}(\boldsymbol{r}, t)}{\partial t} = \frac{e}{m} \boldsymbol{E}(\boldsymbol{r}, t)} \tag{3.9}$$

geschrieben. Die Gleichungen (3.8) und (3.9) bilden mit der Gleichung (3.2)

$$\boxed{\boldsymbol{j}(\boldsymbol{r}, t) = e n_s \boldsymbol{v}(\boldsymbol{r}, t),} \tag{3.10}$$

der Kontinuitätsgleichung (3.1)

$$\boxed{\operatorname{div} \boldsymbol{j}(\boldsymbol{r}, t) = 0} \tag{3.11}$$

und den Maxwellschen Gleichungen

$$\boxed{\operatorname{rot} \boldsymbol{B}(\boldsymbol{r}, t) = \frac{4\pi}{c} \{\boldsymbol{j}_{\text{ext}}(\boldsymbol{r}, t) + \boldsymbol{j}(\boldsymbol{r}, t)\},} \tag{3.12}$$

$$\boxed{\operatorname{div} \boldsymbol{B}(\boldsymbol{r}, t) = 0,} \tag{3.13}$$

$$\boxed{\operatorname{div} \boldsymbol{E}(\boldsymbol{r}, t) = 0} \tag{3.14}$$

ein geschlossenes Gleichungssystem zur Berechnung der Felder $\boldsymbol{E}, \boldsymbol{B}, \boldsymbol{j}, \boldsymbol{v}$ aus der äußeren Stromdichte $\boldsymbol{j}_{\text{ext}}(\boldsymbol{r}, t)$.

Wir diskutieren nun einige Konsequenzen dieses Gleichungssystems. Kombinieren wir (3.9) und (3.10) zu

$$\frac{e}{m} \boldsymbol{E}(\boldsymbol{r}, t) = \frac{1}{n_s e} \frac{\partial \boldsymbol{j}(\boldsymbol{r}, t)}{\partial t} \tag{3.15}$$

und integrieren wir diese Gleichung längs einer geschlossenen Kurve C, welche völlig im Inneren des Supraleiters liegt, so erhalten wir

$$\oint_C \boldsymbol{E}(\boldsymbol{r}, t)\,\mathrm{d}\boldsymbol{s} = \frac{\partial}{\partial t} \oint_C \frac{m}{n_s e^2} \boldsymbol{j}(\boldsymbol{r}, t)\,\mathrm{d}\boldsymbol{s}. \tag{3.16}$$

Nun berechnen wir das Integral auf der linken Seite der Gleichung (3.16) zu

$$\oint_C \boldsymbol{E}(\boldsymbol{r}, t)\,\mathrm{d}\boldsymbol{s} = -\frac{1}{c}\frac{\partial}{\partial t} \int_F \boldsymbol{B}(\boldsymbol{r}, t)\,\mathrm{d}\boldsymbol{f}, \tag{3.17}$$

wobei F eine beliebige von der Kurve C berandete Fläche ist. Somit resultiert aus (3.16) und (3.17) als Folge der LONDONschen Gleichung (3.15) und der Maxwellschen Gleichung

$$\boldsymbol{E}(\boldsymbol{r}, t) = -\frac{1}{c}\frac{\partial \boldsymbol{B}(a, t)}{\partial t}$$

der Erhaltungssatz

$$\frac{\partial}{\partial t}\left\{\oint_F \boldsymbol{B}(\boldsymbol{r}, t)\,\mathrm{d}\boldsymbol{f} + \frac{mc}{n_s e^2}\oint_C \boldsymbol{j}(\boldsymbol{r}, t)\,\mathrm{d}\boldsymbol{s}\right\} = 0$$

für das sogenannte *Fluxoid*

$$\Phi = \int_F \boldsymbol{B}(\boldsymbol{r}, t)\,\mathrm{d}\boldsymbol{f} + \frac{mc}{n_s e^2}\oint_C \boldsymbol{j}(\boldsymbol{r}, t)\,\mathrm{d}\boldsymbol{s} \tag{3.18}$$

durch die von der Kurve C berandete Fläche F. Läßt sich die Kurve C im Inneren des Supraleiters auf einen Punkt zusammenziehen, so daß durch sie eine ganz im Supraleiter liegende Fläche F gelegt werden kann (Abb. 9a), so folgt mit der LONDONschen Gleichung (3.8) für das

Fluxoid mit (3.10)

$$\Phi = \int_F \left\{\boldsymbol{B}(\boldsymbol{r}, t) + \frac{mc}{e} \operatorname{rot} \boldsymbol{v}(\boldsymbol{r}, t)\right\} \mathrm{d}\boldsymbol{f} = \frac{mc}{e} \int_F \underset{\sim}{\boldsymbol{Q}} \, \mathrm{d}\boldsymbol{f} \equiv 0.$$

Umschließt hingegen die Kurve C ein Loch in einem mehrfach zusammenhängenden Supraleiter, so ergibt sich für das zugehörige Fluxoid Φ = const (Abb. 9b).

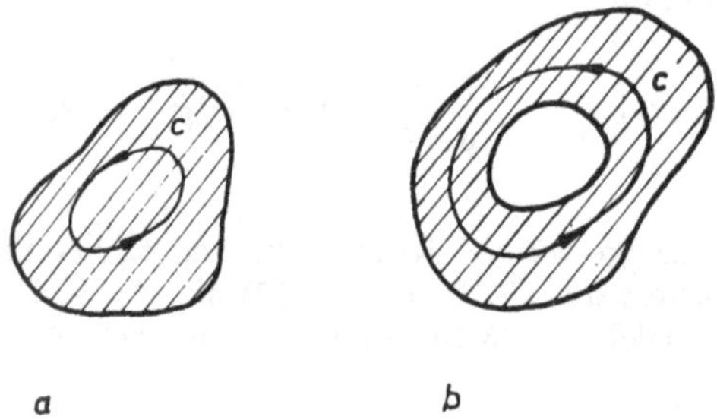

Abb. 9. Das Fluxoid durch eine ganz im Inneren eines einfach zusammenhängenden Supraleiters liegende Kurve C verschwindet, während es für eine in einem mehrfach zusammenhängenden Supraleiter liegende Kurve eine nicht notwendig verschwindende Konstante ist

Mit

$$\boldsymbol{B}(\boldsymbol{r}, t) = \operatorname{rot} \boldsymbol{A}(\boldsymbol{r}, t)$$

können wir dem Fluxoid wegen (3.6) mit

$$\underset{\sim}{\boldsymbol{Q}} = \operatorname{rot} \frac{1}{m} \left\{m\boldsymbol{v} + \frac{e}{c} \boldsymbol{A}\right\} = \frac{1}{m} \operatorname{rot} \boldsymbol{p}$$

die Gestalt

$$\Phi = \frac{c}{e} \oint_C \boldsymbol{p} \, \mathrm{d}\boldsymbol{s}$$

geben, wo $\boldsymbol{p}$ der kanonische Impuls eines supraleitenden Elektrons ist. Diese Form des Fluxoids legt die Erwartung nahe, daß es gemäß

$$\Phi = \frac{hc}{|e|}\, n \qquad (n = 0, 1, 2, \ldots)$$

gequantelt ist. Tatsächlich ergibt die mikroskopische Theorie eine Quantisierung des Fluxoids, jedoch mit dem Quantum $\frac{hc}{2|e|}$.

Wir betrachten nun einen supraleitenden Halbraum $z \geqq 0$ und im Vakuum ein magnetisches Feld $\boldsymbol{H}$ parallel zur Oberfläche (Abb. 10) des Supraleiters. Aus der LONDONschen Gleichung (3.8), die wir mit (3.10) in eine Beziehung zwischen dem Suprastrom $\boldsymbol{j}$ und der magnetischen Induktion $\boldsymbol{B}$ umschreiben, folgt dann

$$\operatorname{rot} \boldsymbol{j}(\boldsymbol{r}) = -\frac{n_s e^2}{mc} \boldsymbol{B}(\boldsymbol{r}).$$

Daraus gewinnen wir mit (3.12) für $z \geqq 0$

$$\operatorname{rot} \operatorname{rot} \boldsymbol{B}(\boldsymbol{r}) = -\frac{4\pi n_s e^2}{mc^2} \boldsymbol{B}(\boldsymbol{r})$$

bzw. wegen der Quellenfreiheit von $\boldsymbol{B}$ (Gleichung (3.13))

$$\Delta \boldsymbol{B}(\boldsymbol{r}) = \frac{4\pi n_s e^2}{mc^2} \boldsymbol{B}(\boldsymbol{r}). \tag{3.19}$$

Die Lösung ist für $z > 0$

$$\boldsymbol{B}(z) = \boldsymbol{B}(0)\, e^{-\frac{z}{\lambda_L}}. \tag{3.20}$$

Darin ist

$$\boxed{\lambda_L = \sqrt{\frac{mc^2}{4\pi n_s e^2}}} \tag{3.21}$$

die *Londonsche Eindringtiefe* des Magnetfeldes. Sie be-

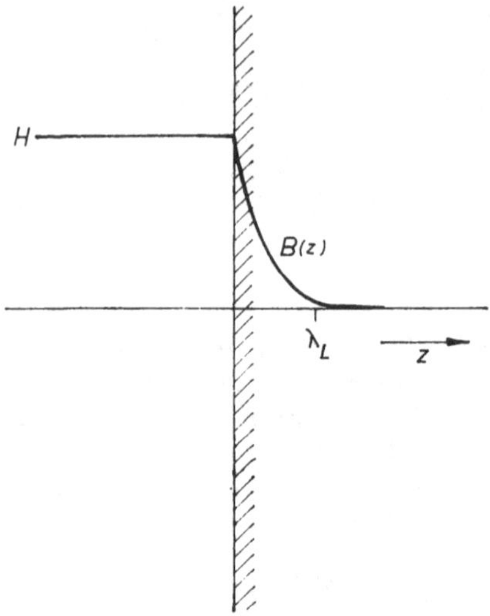

Abb. 10. In einen supraleitenden Halbraum dringt ein Magnetfeld bis zur LONDONschen Eindringtiefe λ_L ein

wegt sich etwa zwischen 100 und 500 Å. Empirisch ist sie eine Funktion der Temperatur:

$$\lambda_L(T) = \lambda_L(0) \left\{1 - \left(\frac{T}{T_c}\right)^4\right\}^{-1/2}.$$

Da in (3.21) n_s die einzige Variable ist, zieht man daraus den Schluß, daß die Konzentration der supraleitenden Elektronen gemäß

$$n_s = n_s(T) = n_s(0) \left\{1 - \left(\frac{T}{T_c}\right)^4\right\}$$

von der Temperatur abhängt.

Als weiteres Anwendungsbeispiel der LONDONschen Gleichungen betrachten wir einen ebenen Supraleiter, welcher den Raum im Bereich

$$-d \leqq z \leqq +d$$

ausfüllt. In diesem Fall lautet die Lösung der Gleichung (3.19), wenn $\boldsymbol{H}$ wieder parallel zur z-Ebene angenommen wird,

$$\boldsymbol{B}(z) = \boldsymbol{H}_0 \frac{\cosh\left(\frac{z}{\lambda_\mathrm{L}}\right)}{\cosh\left(\frac{d}{\lambda_\mathrm{L}}\right)}. \tag{3.22}$$

Für $d \gg \lambda_\mathrm{L}$ ist $\boldsymbol{B}(z) \approx 0$ für $|z| < d$, das ist der MEISSNER-Effekt. Für $d \ll \lambda$ können wir schreiben

$$\boldsymbol{B}(z) \approx \boldsymbol{H}_0 \left\{1 - \frac{d^2 - z^2}{\lambda_\mathrm{L}{}^2}\right\}, \tag{3.23}$$

d. h., es gibt einen schwachen Diamagnetismus, es ist $\boldsymbol{B}(z) \approx \boldsymbol{H}_0$.

Wir kehren noch einmal zu dem Ausdruck (3.18) für das Fluxoid zurück: Wegen $\boldsymbol{j}(\boldsymbol{r}) = \frac{c}{4\pi} \operatorname{rot} \boldsymbol{B}(\boldsymbol{r})$ verschwindet $\boldsymbol{j}(\boldsymbol{r})$ exponentiell mit der Entfernung von der Oberfläche des Supraleiters. Für Flächen F, deren Berandung C stets weiter als λ_L von der Oberfläche des Supraleiters entfernt ist, geht also das Fluxoid in den magnetischen Fluß über.

3.2. Pippards nichtlokale Theorie

Untersuchungen der Supraleitung von Sn-In-Legierungen durch PIPPARD (1953) führten zu dem Ergebnis, daß die Eindringtiefe des Magnetfeldes in supraleitenden Zinn durch Zusatz von 2–3% Indium um den Faktor 2 vergrößert wird, während das kritische Feld $H_c(T)$ und auch die Sprungtemperatur praktisch unverändert bleiben. Diese Erscheinung steht im Widerspruch zur LONDONschen Theorie, in der die Eindringtiefe λ_L nach (3.21) nur von n_s abhängt. Sollte also die Eindringtiefe durch das Einbringen von Störstellen verändert werden können, so müßte dies nach der LONDONschen Theorie zu einer Veränderung von n_s und damit der thermodynamischen Eigenschaften des supraleitenden Zustandes führen, im Widerspruch zum Experiment. PIPPARD konnte dieses Problem durch eine Verallgemeinerung der LONDONschen Theorie lösen, die wir nun behandeln wollen.

Schreiben wir die LONDONsche Gleichung (3.8) mit (3.10) in der Form

$$\mathrm{rot}\,\boldsymbol{j}(\boldsymbol{r}, t) = -\frac{n_s e^2}{mc}\,\boldsymbol{B}(\boldsymbol{r}, t)$$

und kombinieren sie mit (3.12), nachdem wir auf die letztere Gleichung die Operation rot angewendet haben, so erhalten wir

$$\mathrm{rot}\,\mathrm{rot}\,\boldsymbol{B}(\boldsymbol{r}, t) + \frac{4\pi n_s e^2}{mc^2}\,\boldsymbol{B}(\boldsymbol{r}, t) = \mathrm{rot}\,\frac{4\pi}{c}\,\boldsymbol{j}_{\mathrm{ext}}(\boldsymbol{r}, t).$$

Die Lösung lautet

$$\boldsymbol{B}(\boldsymbol{r}, t) = \frac{4\pi}{c}\int\frac{\mathrm{d}^3\boldsymbol{q}}{8\pi^3}\int\limits_{-\infty}^{+\infty}\frac{\mathrm{d}\omega}{2\pi}\,\frac{i\boldsymbol{q}\times\boldsymbol{j}_{\mathrm{ext}}(\boldsymbol{q}, \omega)}{q^2 + \lambda_L^{-2}}\,\mathrm{e}^{i(\boldsymbol{q}\boldsymbol{r} - \omega t)}.$$

Vergleichen wir dies mit (2.11), so sehen wir, daß in der LONDONschen Theorie die Funktion $K(\boldsymbol{q}, \omega)$ durch

$$K(\boldsymbol{q}, \omega) = \lambda_L^{-2} = \frac{4\pi n_s e^2}{mc^2}$$

gegeben ist und weder von $\boldsymbol{q}$ noch ω abhängt. Nach (2.7) bedeutet dies, daß zwischen dem Strom $\boldsymbol{j}(\boldsymbol{r}, t)$ und dem

Vektorpotential die räumlich und zeitlich lokale Beziehung

$$\boldsymbol{j}(\boldsymbol{r}, t) = -\frac{n_s e^2}{mc} \boldsymbol{A}(\boldsymbol{r}, t)$$

besteht, welche als Spezialfall der allgemeinen nichtlokalen Relation (2.7) anzusehen ist.

Um die PIPPARDsche Idee zu verstehen, die zu einer Verallgemeinerung der LONDONschen Theorie führte, erinnern wir uns an den anomalen Skin-Effekt. Beim anomalen Skineffekt ist die Eindringtiefe eines elektromagnetischen Feldes in ein Metall für große freie Weglänge l der Elektronen von dieser unabhängig. Mit abnehmender freier Weglänge nimmt die Eindringtiefe des Feldes stark zu, sobald erstere in die Größenordnung von δ_n, der Eindringtiefe des Feldes beim normalen Skineffekt, kommt, welcher für $l \ll \delta_n$ verwirklicht ist. Dieses Verhalten wird beschrieben durch die allgemeine Form des Leitfähigkeitstensors $\sigma(\boldsymbol{q}, \omega)$ eines normalleitenden Metalles:

$$\sigma(\boldsymbol{q}, \omega) = \frac{e^2}{4\pi^3} \int \frac{\mathrm{d}f}{\hbar v} \frac{\boldsymbol{v} \cdot \boldsymbol{v}}{\frac{1}{\tau} + i(\boldsymbol{q}\boldsymbol{v} - \omega)}.$$

Darin ist $\boldsymbol{v}$ die Elektronengeschwindigkeit auf der Fermi-Fläche.[1]) Die Integration läuft über letztere, τ ist die Stoßzeit der Elektronen. Dieser Form der Fourier-Transformierten des Leitfähigkeitstensors entspricht, bei sphärischer Fermi-Fläche, folgende Form des statischen Leitfähigkeitstensors im Ortsraum:

$$\sigma(\boldsymbol{r} - \boldsymbol{r}', 0) = \frac{3\sigma_0}{4\pi l} \frac{(\boldsymbol{r} - \boldsymbol{r}') \cdot (\boldsymbol{r} - \boldsymbol{r}')}{|\boldsymbol{r} - \boldsymbol{r}'|^4} \mathrm{e}^{-\frac{|\boldsymbol{r} - \boldsymbol{r}'|}{l}} \quad (l = \tau v_F)$$

(σ_0 ist darin die Gleichstromleitfähigkeit). Sie bringt den

---

[1]) Vgl. dazu Kapitel 5, Abschnitt 2.

nichtlokalen Zusammenhang

$$\boldsymbol{j}(\boldsymbol{r}) = \int \mathrm{d}^3\boldsymbol{r}'\sigma(\boldsymbol{r} - \boldsymbol{r}')\, \boldsymbol{E}(\boldsymbol{r}')$$

zwischen Strom und elektrischem Feld zum Ausdruck.

In der LONDONschen Theorie ist

$$K(\boldsymbol{r}, -\boldsymbol{r}', 0) = \frac{4\pi n_s e^2}{mc^2}\,\delta(\boldsymbol{r} - \boldsymbol{r}'). \tag{3.24}$$

PIPPARD ersetzt diese lokale Funktion durch

$$K(\boldsymbol{r} - \boldsymbol{r}', 0) = \frac{4\pi n_s e^2}{mc^2} \cdot \frac{3}{4\pi\xi_0}\, \frac{(\boldsymbol{r} - \boldsymbol{r}') \cdot (\boldsymbol{r} - \boldsymbol{r}')}{|\boldsymbol{r} - \boldsymbol{r}'|^4}\, \mathrm{e}^{-\frac{|\boldsymbol{r} - \boldsymbol{r}'|}{r_0}} \tag{3.25}$$

mit

$$\frac{1}{r_0} = \frac{1}{\xi_0} + \frac{1}{l},$$

wobei die beste Übereinstimmung mit dem Experiment für

$$\xi_0 \approx 0{,}15\, \frac{\hbar v_F}{k_B T_c}$$

erzielt wird. Typische Werte von ξ_0 sind Al: $\xi_0 = 1600$ Å, Sn: $\xi_0 = 2300$ Å, Pb: $\xi_0 = 830$ Å.

Zu der PIPPARDschen Form der Funktion $K(\boldsymbol{r} - \boldsymbol{r}', 0)$ gehört eine Eindringtiefe λ, welche von der LONDONschen verschieden ist. Für $r_0 \ll \lambda$ hängt das Vektorpotential $\boldsymbol{A}(\boldsymbol{r})$ im Bereich der Nichtlokalität von $K(\boldsymbol{r} - \boldsymbol{r}', 0)$ nur schwach von $\boldsymbol{r}$ ab. Daher setzen wir

$$K(\boldsymbol{r} - \boldsymbol{r}', 0) \approx \delta(\boldsymbol{r} - \boldsymbol{r}') \int \mathrm{d}^3\boldsymbol{r}'\, K(\boldsymbol{r} - \boldsymbol{r}', 0)$$

und finden für den lokalen Grenzfall

$$\left.\begin{aligned} K(\boldsymbol{r} - \boldsymbol{r}', 0) &= \frac{4\pi n_s e^2}{mc^2}\, \frac{l}{(l + \xi_0)}\, \delta(\boldsymbol{r} - \boldsymbol{r}') && (3.26)\\ \lambda &= \lambda_L \sqrt{\frac{l + \xi_0}{l}} && (3.27) \end{aligned}\right\} r_0 \ll \lambda .$$

Allgemein ergibt sich kein einfaches Abklinggesetz von exponentieller Form, und mit PIPPARD definiert man die Eindringtiefe gemäß

$$\lambda = \frac{1}{B(0)} \int_0^\infty \mathrm{d}z B(z) = \frac{2}{\pi} \int_0^\infty \frac{\mathrm{d}q}{q^2 + K(q, 0)}. \quad (3.28)$$

Aus (3.25) ergibt sich

$$K(q, 0) = \frac{6\pi n_s e^2}{mc^2 \xi_0} \frac{1}{q} \left\{ \frac{\arctan}{(q r_0)^2} \left[1 + (q r_0)^2 \right] - \frac{1}{q r_0} \right\} \quad (3.29)$$

(vgl. Abb. 11).

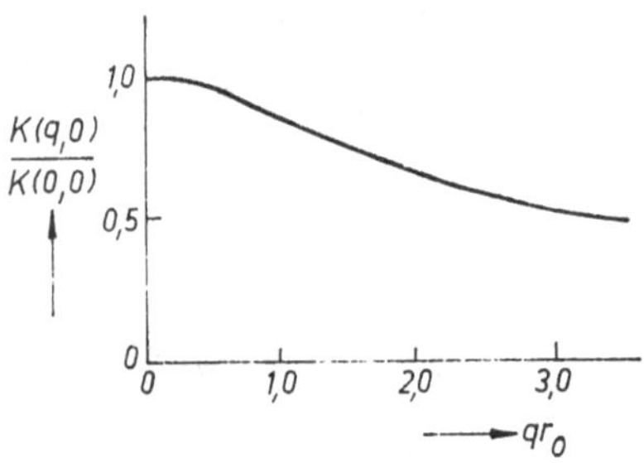

Abb. 11. Der PIPPARDsche Kern $K(q, 0)$ (Formel (3.29))

Es ist

$$K(0, 0) = \frac{6\pi n_s e^2}{mc^2} \frac{l}{l + \xi_0}.$$

Setzen wir dies in (3.28) für $K(q, 0)$ ein, so ergibt eine einfache Integration wieder das Resultat (3.27) für die effektive Eindringtiefe λ.

Im nichtlokalen Grenzfall $r_0 \gg \lambda$ setzen wir in (3.28) den asymptotischen Wert für $q \to \infty$

$$K(q, 0) \sim \frac{3\pi^2 n_s e^2}{mc^2 \xi_0} \frac{1}{q} \quad (q \to \infty)$$

ein und finden

$$\lambda = \frac{8}{9}\left(\sqrt{\frac{3}{2\pi}}\right)^{1/3} [\lambda_L{}^2\xi_0]^{1/3} \qquad (r_0 \gg \lambda). \qquad (3.30)$$

Dieser Ausdruck ist unabhängig von der freien Weglänge l. Man bezeichnet Supraleiter, in denen der lokale Grenzfall $r_0 \ll \lambda$ verwirklicht ist, als *Londonsche Supraleiter*. In einem LONDONschen Supraleiter von hoher Reinheit, so daß $l \gg \xi_0$ ist, gilt

$$\xi_0 \approx r_0 \ll \lambda,$$

und mit zunehmender freier Weglänge geht (3.27) in die LONDONsche Eindringtiefe und (3.26) in die LONDONsche Funktion (3.24) über. Meist ist jedoch, besonders in stark dotierten Legierungen $l \ll \xi_0$, und in diesen Fällen daher

$$l \approx r_0 \ll \lambda.$$

Dann ergibt (3.27) eine mit abnehmender freier Weglänge, also wachsender Dotierung, zunehmende Eindringtiefe.

Da für $T \to T_c$ die Eindringtiefe über alle Grenzen wächst, sind in der Nähe des Sprungpunktes alle Supraleiter LONDONsche Supraleiter.

Der allgemeinere Fall ist der *Pippardsche Supraleiter*, in dem der nichtlokale Grenzfall $r_0 \gg \lambda$ verwirklicht und die Eindringtiefe unabhängig von der freien Weglänge und gemäß (3.30) um einen Faktor 2—3 größer ist als die LONDONsche Eindringtiefe λ_L. Die PIPPARDschen Supraleiter mit $r_0 \ll \lambda$ bezeichnet man auch als *Supraleiter erster Art* (für $l \to \infty$ gilt in diesen $\xi_0 \gg \lambda$), während die LONDONschen Supraleiter mit $r_0 \ll \lambda$ (bzw. $\xi_0 \ll \lambda$) als *Supraleiter zweiter Art* bezeichnet werden. Die Größe ξ_0 trägt die Bezeichnung *Pippardsche Kohärenzlänge*.

Die LONDONsche Theorie der Supraleitung ist eine hydrodynamische Theorie einer idealen Flüssigkeit aus geladenen Teilchen. Als solche kann sie nur Gültigkeit beanspruchen zur Beschreibung von Phänomenen in räumlichen Bereichen, die groß sind gegenüber dem Abstand, in welchem die Korrelation der Relativbewegung zweier Teilchen merklich ist. In dieser Sicht erscheint ξ_0 als die Ausdehnung der Wellenfunktion, die die Relativbewegung eines Paares supraleitender Elektronen beschreibt. Da ξ_0 von der Größenordnung 10^{-4} cm ist, der mittlere Abstand zweier Elektronen im Metall dagegen 10^{-8} cm beträgt, ist die Überlappung der Wellenfunktionen der Relativbewegung außerordentlich. Sie ist letztlich die Ursache für die besonderen Eigenschaften des supraleitenden Zustandes (vgl. auch Abschnitt 6.1).

3.3. Der Zwischenzustand

Wir wollen zunächst die Richtigkeit der bisher stets zugrunde gelegten Vorstellung prüfen, daß ein Supraleiter entweder als Ganzes normalleitend oder insgesamt supraleitend ist. Dazu wenden wir uns nochmals dem Resultat (3.22) bzw. (3.23) der LONDONschen Theorie für das Magnetfeld in einem dünnen Supraleiter zu. Ist die Schichtdicke vergleichbar mit der Eindringtiefe, so ist der MEISSNER-Effekt unvollständig. Es gilt daher nicht mehr (vgl. (2.33))

$$G_s(T, H) = G_s(T, 0),$$

sondern

$$G_s(T, \boldsymbol{H}) = G_s(T, 0) - \frac{1}{4\pi}\int_0^H \boldsymbol{B}\, \mathrm{d}\boldsymbol{H}, \qquad (3.31)$$

d. h., die freie Enthalpie ist niedriger als die einer Schicht mit einer Dicke $d \gg \lambda$. Es ist also für den supraleitenden Zustand mit einer Absenkung der freien Enthalpie verbunden, wenn er in supraleitende Schichten der Dicke $d_s \ll \lambda$ zerfällt, die von normalleitenden Schichten der Dicke $d_n \ll d_s$ getrennt sind, deren Beiträge zur freien Enthalpie vernachlässigt werden können. Diese Aufspaltung hätte sofort eine Konsequenz hinsichtlich der Stabilität dieses Zustandes gegenüber einer Steigerung des Magnetfeldes. Mit (3.31), (2.32) und (2.35) erhalten wir, das Volumen der normalleitenden Schichten vernachlässigend,

$$G_s(T, H) - G_n(T, H) \approx \frac{1}{8\pi} H^2 - \left\{\frac{1}{8\pi} H_c^2(T) + \frac{1}{4\pi} \int_0^H \boldsymbol{B}\, \mathrm{d}\boldsymbol{H}\right\}. \tag{3.32}$$

Hierin bedeutet $H_c(T)$ nach wie vor das kritische Magnetfeld des dicken Supraleiters, welcher nicht in Schichten aufgespalten ist. Die Aufspaltung würde bewirken, daß der supraleitende Zustand auch noch für Magnetfelder $H > H_c(T)$ erhalten bleibt. Die Erfahrung zeigt jedoch, daß für die Supraleiter erster Art der supraleitende Zustand einer stabförmigen Probe im parallelen Magnetfeld für $H > H_c(T)$ aufgehoben wird, woraus wir schließen, daß die oben erwähnte Schichtenbildung nicht stattfindet.

Dies kann, wie bereits F. LONDON bemerkte, durch das Auftreten einer *positiven Phasengrenzenergie* an der Grenze zwischen der supraleitenden und der normalleitenden Phase erklärt werden, welche bewirkt, daß zur Herstellung der Schichtung in normale und supraleitende Zonen Energie aufgewendet und somit die freie Enthalpie vergrößert werden muß, so daß dieselbe unterbleibt. Das Auftreten dieser positiven Phasengrenzenergie ist, wie wir noch ausführlicher behandeln werden, ein Charakteristikum der Supraleiter erster Art.

Als Resultat dieser Darlegungen ergibt sich nun, daß bei Supraleitern erster Art eine Probe *nicht* stets entweder total im supraleitenden oder total im normalleitenden Zustand vorliegen muß. Dies hängt vielmehr von der Geometrie, d. h. der Form der Probe ab, wie das folgende Beispiel zeigt.

Wir betrachten eine Kugel vom Radius a, die wir in ein äußeres Magnetfeld $\boldsymbol{H}_0$ bringen. Das äußere magnetische Feld $\boldsymbol{H}$, welches sich in Anwesenheit der Kugel einstellt, ist zu berechnen aus den Gleichungen

$$\operatorname{div} \boldsymbol{H}(\boldsymbol{r}) = 0, \qquad \operatorname{rot} \boldsymbol{H}(\boldsymbol{r}) = 0 \qquad (r > a),$$

$$\left\{\frac{(\boldsymbol{r}\boldsymbol{H}(\boldsymbol{r}))}{r}\right\}_{r=a} = 0, \qquad \lim_{r\to\infty} \boldsymbol{H}(\boldsymbol{r}) = \boldsymbol{H}_0.$$

Die Lösung lautet

$$\boldsymbol{H}(\boldsymbol{r}) = \boldsymbol{H}_0 + H_0 \frac{a^3}{2} \operatorname{grad} \left(\frac{\cos\theta}{r^2}\right). \qquad (3.33)$$

Für die Tangentialkomponente folgt aus (3.33)

$$\{H_\Theta(\boldsymbol{r})\}_{r=a} = \frac{3}{2} H_0 \sin\theta.$$

Nun sehen wir: Ist $H_0 < \frac{2}{3} H_c(T)$, so ist auf der ganzen Kugelfläche $H < H_c(T)$ und die Kugel daher vollständig supraleitend. Ist $\frac{2}{3} H_c(T) < H_0 < H_c(T)$, so ist auf dem Äquatorgürtel

$$\frac{3}{2} H_0 \sin\theta \geqq H_c(T)$$

$H > H_c(T)$, und es müssen in der Kugel normal- und supraleitende Bereiche existieren, welche den *Zwischenzustand* zwischen vollständigem supraleitenden und vollständigem normalleitenden Zustand charakterisieren, Wie die Aufteilung im einzelnen erfolgt, hängt wesentlich von der Größe der Phasengrenzenergie ab und ist ein kompliziertes Randwertproblem, zu dessen Formulierung die thermodynamische Gleichgewichtsforderung der minimalen freien Enthalpie herangezogen werden muß und auf welches wir hier nicht näher eingehen wollen.

4. Die phänomenologische Theorie von Ginsburg und Landau

4.1. Die Phasengrenze

Wir betrachten nun die Verhältnisse in der Umgebung einer Grenzebene zwischen der normalleitenden und der supraleitenden Phase (Abb. 12). Im Bereich $0 \leqq z \approx \lambda$

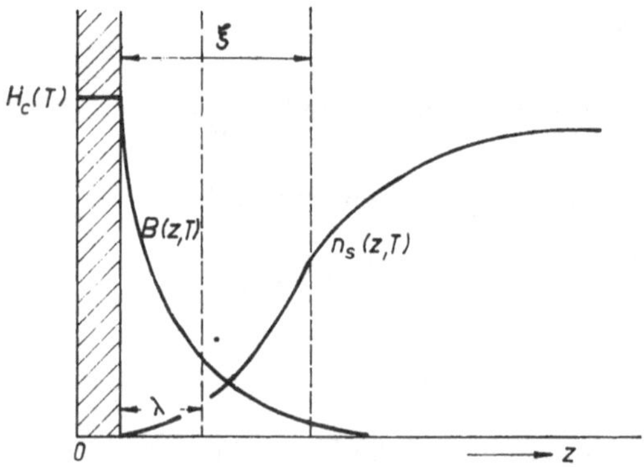

Abb. 12. Die Verhältnisse an der Grenzfläche eines supraleitenden Halbraumes im Magnetfeld

fällt das Magnetfeld von seinem kritischen Wert $B(0) = H_c$ an der Grenzfläche zur supraleitenden Phase auf einen praktisch verschwindenden Wert ab. Andererseits steigt die Dichte der supraleitenden Elektronen innerhalb der Schicht $0 \leqq z \approx \xi$ von Null an der Grenzfläche auf den Wert n_s im Inneren des Supraleiters an. Zur Diskussion der freien Enthalpie vereinfachen wir die Verhältnisse dadurch, daß wir setzen

$$B(z) = \theta(\lambda - z) \cdot H_c,$$
$$n_s(z) = \theta(z - \xi) \cdot n_s.$$

Wir vergleichen nun die bei diesem Verlauf von $B(z)$ und $n_s(z)$ vorliegende freie Enthalpie mit der dem durch $\lambda = \xi = 0$ charakterisierten Zustand entsprechenden. Da das Magnetfeld bis zur Tiefe λ eindringt, liegt gegenüber diesem Zustand die freie Enthalpie um

$$\delta\varepsilon_n = -\frac{\lambda}{8\pi} H_c^2$$

pro cm² der Grenzfläche tiefer. Da andererseits erst jenseits der Tiefe ξ supraleitende Elektronen mit der Kondensationsenergie $-\frac{H_c^2}{8\pi}$ pro cm³ vorhanden sind, erfährt die freie Enthalpie im Vergleich zum Falle $\xi = 0$ eine Anhebung um

$$\delta\varepsilon_c = \frac{\xi}{8\pi} H_c^2$$

pro cm². Der Aufbau der Phasengrenzfläche ist also mit einer Erhöhung der freien Enthalpie pro cm² von

$$\delta\varepsilon_F = (\xi - \lambda) \frac{H_c^2}{8\pi}$$

verbunden.

Wir sehen also:

Phasengrenzenergie positiv: $\xi > \lambda$ (Supraleiter I. Art),
Phasengrenzenergie negativ: $\xi < \lambda$ (Supraleiter II. Art).

Nun entnehmen wir der Abbildung 12, daß bei negativer Phasengrenzenergie, wenn also $\xi < \lambda$ ist, das Magnetfeld unter Ausbildung einer inneren Phasengrenzfläche auch für $H < H_c$ in den Supraleiter eindringen kann.

Falls im normalleitenden Bereich das Magnetfeld H vorliegt, ergibt sich für die Erhöhung der freien Enthalpie pro cm²

$$\delta\varepsilon_F = \xi \cdot \frac{H_c^2}{8\pi} - \lambda \frac{H^2}{8\pi}.$$

Dieser Ausdruck ist negativ, solange

$$\frac{H_c^2}{H^2} < \frac{\lambda}{\xi}$$

ist, wobei aber $\frac{\lambda}{\xi} > 1$ gilt.

Andererseits sahen wir aber bereits im Abschnitt 3.3, daß beim Vorhandensein von inneren Grenzflächen im Supraleiter das Magnetfeld, bei welchem die Supraleitung zusammenbricht, größer als $H_c(T)$ sein wird. Wir erwarten daher beim Supraleiter II. Art den in Abbildung 13 dargestellten Verlauf der Funktion $B(H)$.

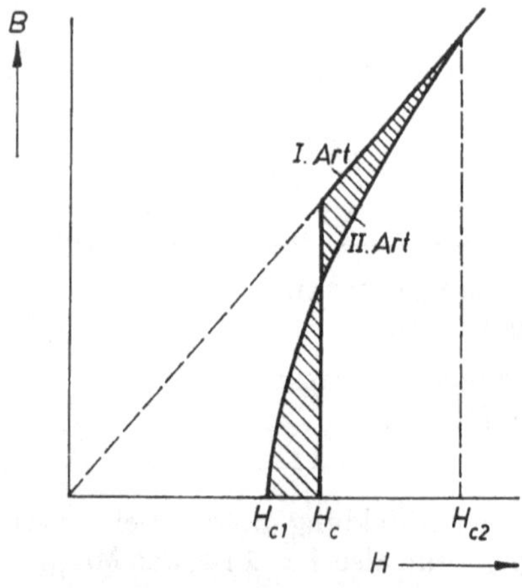

Abb 13. Die Funktion $B(H)$ und die beiden kritischen Magnetfelder H_{c1} und H_{c2} für einen Supraleiter II. Art

Bei einem kritischen Magnetfeld $H_{c1} < H_c$ beginnt das Eindringen des Feldes in den Supraleiter, und erst beim kritischen Feld $H_{c2} > H_c$ erreicht $B(H)$ den Wert, welcher dem normalleitenden Zustand entspricht, und der supraleitende Zustand ist vollständig aufgehoben. Für die Differenz der freien Enthalpie der vollständig suprafeitenden und der vollständig normalleitenden Phase landen wir früher (vgl. (2.36)):

$$G_s(T, H) - G_n(T, H) = \frac{1}{8\pi}\left(H^2 - H_c^2(T)\right).$$

Jetzt ergibt sich, wenn wir einen Supraleiter II. Art mit der in Abbildung 13 dargestellten Magnetisierungskurve betrachten,

$$G_s(T, H) - G_n(T, H) = \frac{1}{8\pi} H^2 - \left\{H_c^2(T) + \frac{1}{4\pi}\int_0^H \boldsymbol{B}\,\mathrm{d}\boldsymbol{H}\right\}.$$

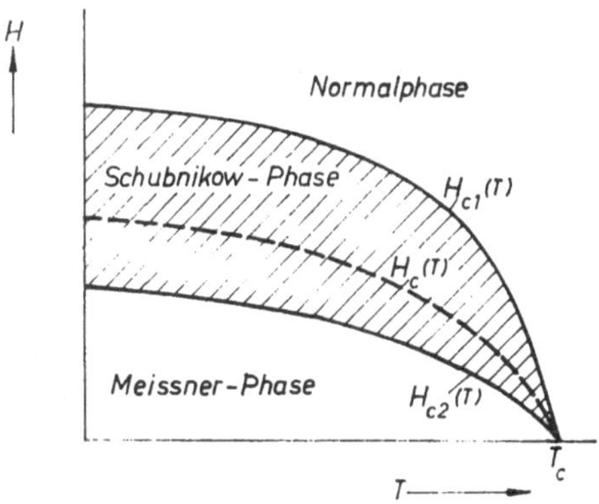

Abb. 14. Das Phasendiagramm eines Supraleiters II. Art in der H-T-Ebene

Da diese Größe für $H = H_{c2}$ verschwindet, folgt die Gleichheit der markierten Flächenstücke in Abbildung 13.

Die kritischen Felder H_{c1} und H_{c2} sind wie $H_c(T)$ Funktionen der Temperatur (vgl. Abb. 14). Bei $T < T_c$ befindet sich für $H_{c1}(T) < H < H_{c2}(T)$ der Supraleiter II. Art in einem *Mischzustand* aus normalleitendem und supraleitendem Zustand, der sogenannten *Schubnikow-Phase,* auf die wir im letzten Abschnitt dieses Kapitels noch näher eingehen werden. Für $H < H_{c1}(T)$ erst liegt die MEISSNER-Phase mit vollständiger Feldverdrängung vor.

4.2. Die Ginsburg-Landau-Gleichungen

Für unsere Betrachtungen zur Phasengrenzenergie war die Vorstellung wesentlich, daß im Umgebungsbereich einer Phasengrenze die Dichte n_s der supraleitenden Elektronen eine Funktion des Ortes ist:

$$n_s = n_s(\boldsymbol{r}).$$

Für die phänomenologische Theorie der Supraleitung von GINSBURG und LANDAU (1950) ist nun die Annahme fundamental, daß es eine *Makrowellenfunktion* $\Psi(\boldsymbol{r})$ gibt, die den supraleitenden Zustand charakterisiert und zugleich die Dichte der supraleitenden Elektronen angibt gemäß der Relation

$$n_s(\boldsymbol{r}) = 2|\Psi_s(\boldsymbol{r})|^2.$$

Unser Ziel ist jetzt, eine Gleichung für die Makrowellenfunktion $\Psi_s(\boldsymbol{r})$ zu finden.

Wir erinnern uns, daß in der Quantenmechanik die Schrödinger-Gleichung für eine Wellenfunktion $\Psi(\boldsymbol{r})$ aus der Forderung folgt, daß durch $\Psi(\boldsymbol{r})$ die Gesamtenergie E des Systems als Funktional von $\Psi(\boldsymbol{r})$ minimal gemacht wird:

$$E = E[\Psi] = \int \mathrm{d}^3\boldsymbol{r}\, \mathrm{d}^3\boldsymbol{r}'\, \Psi^*(\boldsymbol{r}')\mathscr{H}\Psi(\boldsymbol{r}) \doteq \min$$

mit der Nebenbedingung

$$\int d^3\boldsymbol{r} |\Psi(\boldsymbol{r})|^2 = 1 .$$

Da bei unserem Problem die Temperatur eine Rolle spielt, werden wir die Energie des Systems durch die freie Energie F ersetzen und die Makrowellenfunktion $\Psi_s(\boldsymbol{r})$ aus der Forderung

$$F[\Psi_s(\boldsymbol{r})] \stackrel{!}{=} \min \tag{4.1}$$

zu bestimmen suchen. Natürlich können wir keine Normierungsbedingung hinzufügen, denn die Zahl der supraleitenden Elektronen soll je gerade aus der Theorie folgen. Damit die aus (4.1) abzuleitende Gleichung für $\Psi_s(\boldsymbol{r})$ nicht nur die triviale Lösung $\Psi_s(\boldsymbol{r}) \equiv 0$ besitzt, darf sie in diesem Falle nicht linear sein. Das Funktional $F[\Psi_s(\boldsymbol{r})]$ muß daher wenigstens von vierter Ordnung in $\Psi_s(\boldsymbol{r})$ bzw. von zweiter Ordnung in $|\Psi_s(\boldsymbol{r})|^2$ sein. Damit auch die räumliche Variation von $\Psi_s(\boldsymbol{r})$ von der Theorie geliefert wird, muß das Funktional auch Ableitungen von $\Psi_s(\boldsymbol{r})$ enthalten.

Es erscheint somit plausibel, wenn wir für das Funktional $F[\Psi_s(\boldsymbol{r})]$ den folgenden Ansatz machen:

$$\begin{aligned} F[\Psi_s(\boldsymbol{r})] = F_n(T, 0) &+ \int d^3\boldsymbol{r} \, \frac{B^2(\boldsymbol{r})}{8\pi} \\ &+ \int d^3\boldsymbol{r} \left\{ a |\Psi_s(\boldsymbol{r})|^2 + \frac{1}{2} b |\Psi_s(\boldsymbol{r})|^4 \right. \\ &\left. + \Psi_s^*(\boldsymbol{r}) \frac{1}{2m^*} \left(\frac{\hbar}{i} \nabla - \frac{e^*}{c} \boldsymbol{A}(\boldsymbol{r}) \right)^2 \Psi_s(\boldsymbol{r}) \right\} \end{aligned} \tag{4.2}$$

mit der Nebenbedingung

$$\boldsymbol{B}(\boldsymbol{r}) = \operatorname{rot} \boldsymbol{A}(\boldsymbol{r}) .$$

Nun verlangen wir

$$\delta F = \int \mathrm{d}^3\boldsymbol{r} \left\{\frac{\delta F}{\delta \Psi_s}\, \delta\Psi_s(\boldsymbol{r}) + \left(\frac{\delta F}{\delta \boldsymbol{A}},\, \delta\boldsymbol{A}(\boldsymbol{r})\right)\right\} = 0 \tag{4.3}$$

und erhalten daraus die *Ginsburg-Landau Gleichungen*

$$\frac{1}{2m^*}\left(\frac{\hbar}{i}\nabla - \frac{e^*}{c}\boldsymbol{A}(\boldsymbol{r})\right)^2 \Psi_s(\boldsymbol{r}) + a\Psi_s(\boldsymbol{r}) + b\,|\Psi_s(\boldsymbol{r})|^2\,\Psi_s(\boldsymbol{r}) = 0, \tag{4.4}$$

$$\frac{e^*\hbar}{2m^*i}\left\{\Psi_s^*(\boldsymbol{r})\,\frac{\partial\Psi_s}{\partial\boldsymbol{r}} - \Psi_s(\boldsymbol{r})\,\frac{\partial\Psi_s^*}{\partial\boldsymbol{r}}\right\} - \frac{e^{*2}}{m^*c}\,|\Psi_s(\boldsymbol{r})|^2\,\boldsymbol{A}(\boldsymbol{r}) = \frac{c}{4\pi}\operatorname{rot}\boldsymbol{B}(\boldsymbol{r}). \tag{4.5}$$

Dazu gehören die Relation

$$\boldsymbol{B}(\boldsymbol{r}) = \operatorname{rot}\boldsymbol{A}(\boldsymbol{r}) \tag{4.6}$$

und die Randbedingungen

$$\boldsymbol{n}\left(\frac{\hbar}{i}\nabla - \frac{e^*}{c}\boldsymbol{A}(\boldsymbol{r})\right)\Psi_s(\boldsymbol{r}) = 0, \tag{4.7}$$

$$\boldsymbol{n}\times\boldsymbol{B}(\boldsymbol{r}) = 0 \tag{4.8}$$

auf der Oberfläche des betrachteten Körpers. Wir benötigen sie bei der Umformung von Oberflächenintegralen, die bei der Auswertung von (4.3) auftreten.

Die Gleichungen (4.4) und (4.5) bilden ein Gleichungssystem zur Bestimmung der Funktionen $\Psi_s(\boldsymbol{r})$ und $\boldsymbol{A}(\boldsymbol{r})$. Das Magnetfeld $\boldsymbol{B}(\boldsymbol{r})$ wird nach (4.5) durch den Suprastrom erzeugt. Auf die Berücksichtigung eines äußeren

Feldes kommen wir noch zu sprechen. Die Gleichungen enthalten noch die vier unbekannten Parameter a, b, e^*, m^*, die wir nun fixieren müssen. Dazu betrachten wir einfache Lösungen der GINSBURG-LANDAU-Gleichungen.

1. Sei $\boldsymbol{A}(\boldsymbol{r}) \equiv 0$. Dann gibt es die Lösungen

$$\alpha)\ \Psi_s(\boldsymbol{r}) \equiv 0, \qquad \beta)\ |\Psi_s(\boldsymbol{r})|^2 = -\frac{a}{b}.$$

Der Fall α) entspricht dem Normalzustand, der Fall β) dem homogenen Supraleiter. Für diesen ist die freie Energie[1])

$$F_s(T, 0) = F_n(T, 0) - \frac{1}{8\pi} H_c^2(T)$$

und nach (4.2)

$$F_s(T, 0) = F_n(T, 0) - \frac{1}{2}\frac{a^2}{b},$$

so daß

$$\frac{a^2}{2b} = \frac{1}{8\pi} H_c^2(T) \tag{4.9}$$

und also $b > 0$, $a < 0$ ist. Nimmt man an, daß b temperaturunabhängig ist und

$$a = a'(T - T_c) \qquad (a' > 0), \tag{4.10}$$

so folgt

$$H_c(T) \sim T_c - T$$

für $T \approx T_c$, d. h. es resultiert das richtige Verhalten von $H_c(T)$ und, da $n_s(T) \sim T_c - T$ folgt, auch von $n_s(T)$ in der Nähe des Sprungpunktes T_c.

2. Betrachten wir nun die Situation

$$\boldsymbol{A}(\boldsymbol{r}) \equiv 0, \qquad \Psi(\boldsymbol{r}) = \Psi(z) = \Psi^*(z).$$

---

[1]) Nach (2.30) ist $F_n(T, 0) = G_n(T, 0)$. Da im supraleitenden Zustand $\boldsymbol{B} = 0$ ist, gilt auch $F_s(T, 0) = G_s(T, 0)$, so daß $F_s(T, 0) - F_n(T, 0) = G_s(T, 0) - G_n(T, 0) = -\frac{1}{8\pi} H_c^2(T)$ ist.

In diesem Fall lautet (4.4)

$$-\frac{\hbar^2}{2m^*}\,\Psi''(z) + a\Psi(z) + b\Psi^3(z) = 0.$$

Mit dem Ansatz

$$f(z) = \sqrt{\frac{b}{|a|}}\;\Psi(z)$$

erhalten wir für $f(z)$ die Gleichung

$$-\frac{\hbar^2}{2m^*|a|}\,f''(z) - f(z) + f^3(z) = 0. \tag{4.11}$$

Dies legt nahe, die *Ginsburg-Landau-Kohärenzlänge*

$$\xi(T) = \frac{\hbar}{\{2m^*a'(T_c - T)\}^{1/2}} \tag{4.12}$$

zu definieren.

Eine Lösung der Gleichung (4.11) mit den Eigenschaften

$$f(0) = 0,$$

$$\lim_{z\to\infty} f(z) = 1, \qquad \lim_{z\to\infty} f'(z) = 0$$

lautet

$$f(z) = \tanh\frac{z}{\xi\sqrt{2}}.$$

Legen wir ein äußeres magnetisches Feld $\boldsymbol{H}$ an und bilden die freie Enthalpie

$$G[\Psi_s] = F[\Psi_s] - \int d^3\boldsymbol{r}\,\frac{\boldsymbol{B}(\boldsymbol{r})\,\boldsymbol{H}(\boldsymbol{r})}{4\pi},$$

so folgen aus den Forderungen

$$\frac{\delta G}{\delta\Psi_s} = 0, \qquad \frac{\delta G}{\delta\boldsymbol{A}} = 0$$

wiederum die Gleichungen (4.4) bis (4.8), nur tritt an die Stelle der Randbedingungen (4.8) jetzt

$$\boxed{\boldsymbol{n} \times [\boldsymbol{B}(\boldsymbol{r}) - \boldsymbol{H}(\boldsymbol{r})] = 0.}\,.$$

3. Betrachten wir daher die Situation
$|\Psi_s|^2 = \text{const} = -\frac{a}{b}$, $\boldsymbol{A}(\boldsymbol{r}) \neq 0$ (LONDONscher Grenzfall).
Dann geht (4.5), die Gleichung für den Suprastrom,

$$\boxed{\begin{aligned} \boldsymbol{j}(\boldsymbol{r}) = \frac{e^*\hbar}{2m^*i} & \left\{\Psi_s^*(\boldsymbol{r}) \frac{\partial \Psi_s}{\partial \boldsymbol{r}} - \Psi_s(\boldsymbol{r}) \frac{\partial \Psi_s^*}{\partial \boldsymbol{r}}\right\} \\ & - \frac{e^{*2}}{m^*c} |\Psi_s(\boldsymbol{r})|^2 \boldsymbol{A}(\boldsymbol{r}) \end{aligned}} \tag{4.13}$$

in die LONDONsche Gleichung

$$\boxed{\boldsymbol{j}(\boldsymbol{r}) = -\frac{e^{*2}}{m^*c} |\Psi_s(\boldsymbol{r})|^2 \boldsymbol{A}(\boldsymbol{r}) = -\frac{e^2 n_s}{mc} \boldsymbol{A}(\boldsymbol{r})}$$

über, wenn wir $e^* = 2e$, $m^* = 2m$ setzen. Für die Eindringtiefe folgt

$$\lambda(T) = \sqrt{\frac{mc^2}{4\pi n_s e^2}} = \sqrt{\frac{mc^2 b}{8\pi e^2 a'(T_c - T)}}. \tag{4.14}$$

Mit $e^* = 2e$, $m^* = 2m$ haben wir zwei der vier Parameter in den GINSBURG-LANDAU-Gleichungen fixiert und mittels (4.9), (4.10) und (4.14) die beiden Parameter a' und b durch die meßbaren Größen $H_c(T)$, T_c und $\lambda(T)$

ausgedrückt. Beachten wir, daß

$$\frac{1}{m^*}\left(\frac{\hbar}{i}\nabla - \frac{e^*}{c}\boldsymbol{A}(\boldsymbol{r})\right) = \boldsymbol{v}$$

die eichinvariante Geschwindigkeit der Elektronen ist, so sehen wir, daß die Gleichungen (4.4) die Parameter e^* und m^* nur in der Kombination $\frac{e^*}{m^*}$ enthält. Wir hätten daher von vornherein $m^* = 2m$ setzen können und benötigen daher nur noch ein Argument, welches uns die Identifikation $e^* = 2e$ rechtfertigt. Dies liefert uns die experimentelle Erfahrung der Flußquantisierung.

4.3. Flußquantisierung

Wir schreiben

$$\Psi_s(\boldsymbol{r}) = |\Psi_s(\boldsymbol{r})|\, e^{i\varphi(\boldsymbol{r})} \tag{4.15}$$

und gehen damit in den Ausdruck (4.13) für den Strom ein. So finden wir

$$\boldsymbol{j}(\boldsymbol{r}) = \frac{e^*\hbar}{m^*}|\Psi_s(\boldsymbol{r})|^2\frac{\partial\varphi}{\partial\boldsymbol{r}} - \frac{(e^*)^2}{m^*c}|\Psi_s(\boldsymbol{r})|^2\boldsymbol{A}(\boldsymbol{r}) \tag{4.16}$$

bzw.

$$\frac{\hbar c}{e^*}\frac{\partial\varphi}{\partial\boldsymbol{r}} = \boldsymbol{A}(\boldsymbol{r}) + \frac{\boldsymbol{j}(\boldsymbol{r})\, m^*c}{(e^*)^2|\Psi(\boldsymbol{r})|^2}. \tag{4.17}$$

Nun integrieren wir diesen Ausdruck längs einer völlig im Inneren des Supraleiters liegenden geschlossenen Kurve C:

$$\oint \boldsymbol{A}(\boldsymbol{r})\,\mathrm{d}\boldsymbol{s} + \frac{m^*c}{(e^*)^2}\oint\frac{\boldsymbol{j}(\boldsymbol{r})}{|\Psi_s(\boldsymbol{r})|^2}\,\mathrm{d}\boldsymbol{s} = \frac{\hbar c}{e^*}\oint\frac{\partial\varphi}{\partial\boldsymbol{r}}\,\mathrm{d}\boldsymbol{s}. \tag{4.18}$$

Erinnern wir uns nun an den Ausdruck (3.18) für das Fluxoid

$$\Phi = \int_F \boldsymbol{B}(\boldsymbol{r})\,\mathrm{d}\boldsymbol{f} + \oint \frac{mc}{e^2 n_s}\,\boldsymbol{j}(\boldsymbol{r})\,\mathrm{d}\boldsymbol{s},$$

so sehen wir, daß die linke Seite von (4.18) offenbar die Verallgemeinerung derselben für räumlich variables n_s darstellt. Verlangen wir ferner, daß die Wellenfunktion (4.15) eindeutig ist, so muß das Integral der rechten Seite von (4.18) ein Vielfaches von 2π sein, wir finden also

$$\boxed{\Phi = n \cdot \frac{hc}{e^*}} \qquad (n = 0, 1, 2, \ldots).$$

Das Flußquant ist also $\frac{hc}{e^*}$, und der Vergleich mit dem Experiment zeigt, daß $e^* = 2e$ zu setzen ist.

4.4. Die Phasengrenzenergie

Wir widmen uns nun nochmals etwas eingehender der Frage nach der Phasengrenzenergie der supraleitenden Phase an der Grenzfläche zur normalleitenden Phase und stützen uns dabei auf die Gleichungen (4.4) bis (4.8).

Wir betrachten wieder die in Abbildung 12 dargestellte Geometrie. Das innere magnetische Feld schreiben wir in der Form

$$\boldsymbol{B}(\boldsymbol{r}) = B(z)\,\boldsymbol{n}_x \tag{4.19}$$

und das Vektorpotential

$$\boldsymbol{A}(\boldsymbol{r}) = -A(z)\,\boldsymbol{n}_y. \tag{4.20}$$

Die Wellenfunktion $\Psi_s(\boldsymbol{r})$ hat die Gestalt

$$\Psi_s(\boldsymbol{r}) = \Psi_s(z) \cdot \mathrm{e}^{i\varphi(x,y,z)}$$

mit reeller Funktion $\Psi_s(z)$. Da $\boldsymbol{j}(\boldsymbol{r}) = j(z)\,\boldsymbol{n}_y$ sein muß auf Grund von (4.5) und (4.20), folgt aus (4.16) mit (4.20)

$$\frac{\partial \varphi}{\partial x} = \frac{\partial \varphi}{\partial z} = 0,$$

und $\varphi = \varphi(y)$ muß eine lineare Funktion von y sein. Machen wir daher die Eichtransformation

$$\boldsymbol{A}(\boldsymbol{r}) \to \boldsymbol{A}'(\boldsymbol{r}) + \frac{\hbar c}{e^*} \frac{\partial \varphi}{\partial y} \boldsymbol{n}_y,$$

so folgt $\varphi'(y) \equiv 0$, und wir können $\varphi \equiv 0$ setzen, d. h.

$$\Psi_s(\boldsymbol{r}) = \Psi_s(z)$$

ist reell. Daher lauten die Ginsburg-Landau-Gleichungen jetzt

$$-\frac{\hbar^2}{2m^*} \Psi_s''(z) - a\Psi_s(z) + b\Psi_s^3(z) + (e^*)^2 \frac{\Psi_s(z)\, A^2(z)}{2m^* c^2} = 0, \tag{4.21}$$

$$\frac{c}{4\pi} B'(z) = -\frac{(e^*)^2\, \Psi_s^2(z)\, A(z)}{m^* c}, \tag{4.22}$$

$$B(z) = A'(z). \tag{4.23}$$

Die zugehörigen Randbedingungen sind

$$\lim_{z \to -\infty} \Psi_s(z) = 0, \qquad \lim_{z \to +\infty} \Psi_s(z) = \Psi_\infty,$$

$$\lim_{z \to -\infty} B(z) = H_c, \qquad \lim_{z \to +\infty} B(z) = 0. \tag{4.24}$$

Die Phasengrenzenergie ergibt sich zu

$$\sigma_{ns} = \int_{-\infty}^{+\infty} \{G(z) - \tilde{G}(z)\}\, \mathrm{d}z.$$

Dabei ist $\tilde{G}(z)$ die freie Enthalpie des für $z < 0$ normalleitenden und für $z > 0$ vollständig supraleitenden Systems in Anwesenheit des äußeren Feldes H_c: Wegen (s. (2.36))

$$G_s(T, H) - G_n(T, H) = \frac{1}{8\pi}\left(H^2 - H_c^2(T)\right)$$

können wir schreiben

$$\tilde{G}(z) = G_n(T, H_c) = G_n(T, 0) - \frac{1}{8\pi} H_c^2(T)$$

$$= F_n(T, 0) - \frac{1}{8\pi} H_c^2(T).$$

Andererseits ist nach (2.30)

$$G(z) = F(z) - \frac{1}{4\pi} B(z)\, H_c,$$

und mit (4.2) folgt

$$\sigma_{ns} = \int_{-\infty}^{+\infty} dz \left\{ a\Psi_s^2(z) + \frac{1}{2} b\Psi_s^4(z) + \Psi_s(z) \frac{1}{2m^*}\left(\frac{\hbar}{i}\frac{d}{dz} - \frac{e^*}{c} A(z)\right)^2 \Psi_s(z) + \frac{1}{8\pi}\left(H_c - B(z)\right)^2 \right\}. \tag{4.25}$$

Multiplizieren wir (4.21) von links mit $\Psi_s(z)$ und integrieren unter Beachtung der Randbedingungen, so folgt

$$\int_{-\infty}^{+\infty} dz \left\{ a\Psi_s^2(z) + b\Psi_s^4(z) + \Psi_s(z) \frac{1}{2m^*}\left(\frac{\hbar}{i}\frac{d}{dz} - \frac{e^*}{c} A(z)\right)^2 \Psi_s(z) \right\} = 0.$$

Dieses Resultat vereinfacht den Ausdruck (4.25) für die

Phasengrenzenergie zu

$$\sigma_{ns} = \int_{-\infty}^{\infty+} dz \left\{ \frac{(H_c - B(z))^2}{8\pi} - \frac{1}{2} b\Psi^4(z) \right\}. \quad (4.26)$$

Da die Lösung der Gleichungen (4.21) bis (4.24) nur numerisch möglich ist, können wir Ausdrücke für σ_{ns} nur in den früher behandelten Grenzfällen angeben.

Wir beginnen mit dem LONDONschen Grenzfall, welcher der Bedingung $\xi \ll \lambda$ entspricht, für den Näherungslösungen von (4.21) bis (4.24) lauten

$$\Psi_s = -\frac{a}{b}\,\theta(z), \quad B(z) = H_c\left(e^{-\frac{z}{\lambda}}\,\theta(z) + \theta(-z)\right).$$

Damit folgt aus (4.26), wenn wir die Phasengrenzenergie in der Form

$$\sigma_{ns} = \delta \cdot \frac{H_c^2(T)}{8\pi}$$

schreiben,

$$\delta = \int_{-\infty}^{+\infty} dz \left\{ \left(1 - \frac{B(z)}{H_c}\right)^2 - \frac{\Psi_s^4(z)}{\Psi_s^4(\infty)} \right\}$$

und also

$$\delta = -\frac{3}{2}\lambda_L \qquad \text{für} \quad \lambda \gg \xi.$$

Der zweite Grenzfall, für den wir die Phasengrenzenergie berechnen können, ist durch $\lambda \ll \xi$ gekennzeichnet. In diesem Fall fanden wir im Beispiel 2, S. 57:

$$B(z) = H_c\{1 - \theta(z)\}, \qquad \Psi(z) = \sqrt{\frac{|a|}{b}}\,\tanh\frac{z}{\xi\sqrt{2}}.$$

Damit wird

$$\delta = \int_0^{\infty} dz \left\{1 - \tanh^4 \frac{z}{\xi\sqrt{2}}\right\} = \frac{4\sqrt{2}}{3}\,\xi$$

und also

$$\delta \approx \frac{4\sqrt{2}}{3}\xi \quad \text{für} \quad \lambda \ll \xi. \qquad \text{(PIPPARD-Supraleiter)}$$

Wie wir hier nicht zeigen können, verschwindet die Phasengrenzenergie für

$$\varkappa \equiv \frac{\lambda(T)}{\xi(T)} = \frac{1}{\sqrt{2}}.$$

Zur Klassifizierung der Supraleiter benutzen wir den GINSBURG-LANDAU-*Parameter*

$$\varkappa = \frac{\lambda(T)}{\xi(T)}$$

und haben also:

$\sigma_{ns} > 0$	für	$\varkappa < \frac{1}{\sqrt{2}}$,	*Supraleiter I. Art*
$\sigma_{ns} = 0$	für	$\varkappa = \frac{1}{\sqrt{2}}$,	
$\sigma_{ns} < 0$	für	$\varkappa > \frac{1}{\sqrt{2}}$	*Supraleiter II. Art.*

4.5. *Die Schubnikow-Phase*

Wie wir aus dem Abschnitt 4.1. ersehen können, ermöglicht das Vorliegen einer negativen Phasengrenzenergie bei den Supraleitern II. Art im Bereich

$$H_{c1} \leqq H \leqq H_{c2}$$

eines äußeren Magnetfeldes diesem das Eindringen in den Supraleiter und damit die Entstehung eines *Misch-*

zustandes, welcher erst für $H = H_{c2}$ in den normalleitenden über- bzw. für $H = H_{c1}$ aus dem Meissner-Zustand hervorgeht (vgl. Abb. 13 und 14). Wir wollen uns nun ein genaueres Bild von diesem auch als *Schubnikow-Phase* bezeichneten Mischzustand machen.

Betrachten wir also für $T < T_c$ einen Supraleiter in einem Magnetfeld $\boldsymbol{H}$, welches senkrecht zu einer ebenen Begrenzungsfläche in der Richtung $\boldsymbol{n}$ verlaufen möge, so wird für $H = H_{c1}$ das Magnetfeld in irgendeiner Form in die Probe einzudringen beginnen, und zwar so, daß sich dabei, begünstigt durch die negative Phasengrenzenergie normalleitende Regionen und Regionen mit $\boldsymbol{B} = 0$, also vollständigem Meissner-Effekt, ausbilden. Dabei setzt die Flußquantisierung eine untere Grenze für die Abmessungen der supraleitenden Bereiche, denn der in einem solchen auftretende Magnetfluß muß wenigstens ein Flußquant Φ_0 betragen. Es liegt daher nahe, anzunehmen, daß das Magnetfeld beim Überschreiten des kritischen Wertes H_{c1} sich in „Schläuchen" vom Radius $\approx \xi$ in die Probe fortsetzt, in denen dieselbe also normalleitend ist und außerhalb derer das Magnetfeld in einem Abstand $\approx \lambda$ auf Null abklingt, so daß der magnetische Fluß durch einen solchen „Schlauch" gerade mindestens Φ_0 beträgt. Es wäre auch denkbar, daß sich das Magnetfeld z. B. in Schichten der Dicke $\approx \xi$ in die Probe fortsetzt, es zeigt sich aber, daß diesen gegenüber die Flußschläuche energetisch bevorzugt sind.

Steigert man das Magnetfeld auf Werte oberhalb H_{c1}, so wird die magnetische Induktion $\boldsymbol{B}$ im Inneren der Probe zunehmen, und die Zahl der Flußschläuche wird anwachsen, bis ihr mittlerer Abstand, welcher anfänglich sehr groß gegenüber λ war, mit dieser Größe vergleichbar wird und die Flußschläuche gewissermaßen miteinander verschmelzen, bis schließlich für $H = H_{c2}$ die ganze Probe vollständig vom Magnetfeld erfüllt und normalleitend ist.

Die Grundlage zu einer quantitativen Beschreibung dieser Verhältnisse bilden die Ginsburg-Landau-Gleichungen, für die es im Bereich $H_{c1} \leqq H \leqq H_{c2}$ allerdings keine in geschlossener Form angebbare Lösungen gibt. Wir entgehen dieser Schwierigkeit, indem wir uns auf den LONDONschen Grenzfall $\varkappa \gg 1$ beschränken und die Flußschläuche als unendlich dünn annehmen. Betrachten wir also zunächst eine einzelne derartige Flußlinie und legen den ihre Richtung angebenden Einheitsvektor $\boldsymbol{n}$ in die z-Achse des Koordinatensystems. Nun berechnen wir das Magnetfeld $\boldsymbol{B}(\boldsymbol{r})$ außerhalb der Flußlinie aus der LONDONschen Gleichung (3.19)

$$\lambda^2 \Delta \boldsymbol{B}(\boldsymbol{r}) - \boldsymbol{B}(\boldsymbol{r}) = 0 \tag{4.27}$$

mit der Nebenbedingung, daß der Fluß durch die Wirbellinie gleich Φ_0 sein soll, also

$$\int \boldsymbol{B}(\boldsymbol{r}) \, \mathrm{d}x \, \mathrm{d}y = 0, \tag{4.28}$$

und daß das Feld $\boldsymbol{B}(\boldsymbol{r})$ in unendlichem Abstand von der Wirbellinie verschwindet:

$$\lim_{|\boldsymbol{r} \times \boldsymbol{n}| \to \infty} \boldsymbol{B}(\boldsymbol{r}) = 0.$$

Die diesen Forderungen genügende Lösung der Gleichung (4.27) lautet

$$\boldsymbol{B}(\boldsymbol{r}) = \boldsymbol{n} B_0 K_0 \left(\sqrt{\frac{x^2 + y^2}{\lambda^2}} \right),$$

wobei $K_0(u)$ eine Hankel-Funktion ist:

$$K_0(u) = \frac{i\pi}{2} H_0^{(1)}(iu).$$

Die Konstante B_0 ergibt sich zufolge (4.28) aus

$$B_0 2\pi\lambda^2 \int_0^\infty K_0(u) \, u \, \mathrm{d}u = \Phi_0.$$

Unter Verwendung von

$$\int_0^\infty K_0(u)\, u\, \mathrm{d}u = 1$$

und mit $\sqrt{x^2 + y^2} = r$ lautet die vollständige Lösung von (4.27) daher

$$\boldsymbol{B}(r) = \boldsymbol{n} \frac{\Phi_0}{2\pi\lambda^2} K_0\left(\frac{r}{\lambda}\right). \tag{4.29}$$

Das Feld $B(r)$ verschwindet exponentiell für $r \to \infty$, es ist

$$B(r) \approx \frac{\Phi_0}{2\pi\lambda^2} \sqrt{\frac{\pi\lambda}{2r}}\, \mathrm{e}^{-\frac{r}{\lambda}} \qquad \text{für} \qquad r \gg \lambda,$$

und für $r \to 0$ ergibt sich eine logarithmische Divergenz

$$B(r) \approx \frac{\Phi_0}{2\pi\lambda^2} \log\left(\frac{\lambda}{r}\right) \qquad \text{für } r \ll \lambda. \tag{4.30}$$

Wir berechnen nun die Bildungsenergie ε_1 pro cm einer Wirbellinie als die entsprechende Differenz der freien Energie bei Anwesenheit der Wirbellinie und der freien Energie des Systems in der MEISSNER-Phase. Dazu benutzen wir den Ausdruck (4.2) für die freie Energie und beachten, daß wir $|\Psi_s(\boldsymbol{r})|$ in der Nähe des kritischen Feldes H_{c1} durch seinen Wert in der MEISSNER-Phase ersetzen können. Dann bleibt

$$\varepsilon_1 = \int \mathrm{d}x\, \mathrm{d}y \left\{\frac{B^2(r)}{8\pi} + \frac{1}{2m^*} \left| \left(\frac{\hbar}{i} \nabla - \frac{e^*}{c} \boldsymbol{A}(r)\right) \Psi_s(r) \right|^2 \right\}.$$

Im LONDONschen Grenzfall hängt nur die Phase $\varphi(\boldsymbol{r})$ der Funktion $\Psi_s(\boldsymbol{r})$ vom Ort ab, so daß

$$\varepsilon_1 = \int \mathrm{d}x\, \mathrm{d}y \left\{\frac{B^2(r)}{8\pi} + \frac{1}{2m^*} |\Psi_s|^2 \left|\hbar \operatorname{grad} \varphi(\boldsymbol{r}) - \frac{e^*}{c} \boldsymbol{A}(\boldsymbol{r})\right|^2\right\}$$

ist. Ziehen wir nun (4.17) heran, so finden wir

$$\varepsilon_1 = \int \mathrm{d}x\, \mathrm{d}y \left\{ \frac{B^2(r)}{8\pi} + \frac{m^*}{2e^{*2}} \, |\Psi_s|^2 \, |\boldsymbol{j}(\boldsymbol{r})|^2 \right\}$$

und mit der Maxwellschen Gleichung

$$\frac{4\pi}{c} \boldsymbol{j}(\boldsymbol{r}) = \operatorname{rot} \boldsymbol{B}(\boldsymbol{r})$$

schließlich

$$\varepsilon_1 = \frac{1}{8\pi} \int \mathrm{d}x\, \mathrm{d}y \, \{B^2(r) + \lambda^2 |\operatorname{rot} \boldsymbol{B}(\boldsymbol{r})|^2\} . \qquad (4.31)$$

Diesen Ausdruck bringen wir mit einer partiellen Integration in die Form

$$\varepsilon_1 = \frac{1}{8\pi} \int \mathrm{d}x\, \mathrm{d}y \, \boldsymbol{B}(\boldsymbol{r}) \, \{\boldsymbol{B}(\boldsymbol{r}) - \lambda^2 \Delta \boldsymbol{B}(\boldsymbol{r})\} . \qquad (4.32)$$

Setzen wir in die geschweifte Klammer die für kleines r gültige Näherungslösung (4.30) ein, so erhalten wir

$$\boldsymbol{B}(\boldsymbol{r}) - \lambda^2 \Delta \boldsymbol{B}(\boldsymbol{r}) \approx \frac{\Phi_0}{2\pi\lambda^2} \left\{ \log\left(\frac{\lambda}{r}\right) + \lambda^2 \frac{\delta(r)}{r} \right\} . \qquad (4.33)$$

Nun müssen wir beachten, daß im LONDONschen Grenzfall die Lösung (4.29) der Gleichung (4.27) nur für $r \gg \xi$ brauchbar ist. Bei der Auswertung des Integrals (4.32) setzen wir daher für $0 \leqq r \leqq \xi$ im Integranden den für $r = \xi$ aus (4.30) folgenden Wert für $\boldsymbol{B}(\boldsymbol{r})$ ein. Für $\frac{\xi}{\lambda} \ll 1$ kommt dann der Hauptbeitrag zum Integral vom zweiten Term in (4.33), und wir erhalten

$$\varepsilon_1 = \left(\frac{\Phi_0}{4\pi\lambda}\right)^2 \log\left(\frac{\lambda}{\xi}\right) . \qquad (4.34)$$

Beachten wir nun die allgemeine Relation (2.30) zwischen der freien Energie F und der freien Enthalpie G, nach welcher dieselben in der MEISSNER-Phase übereinstimmen, so ergibt sich für die Differenz $G_s(T, H) - G_M(T, H)$ der freien Enthalpie des Mischzustandes $G_s(T, H)$ und der MEISSNER-Phase $G_M(T, H)$ mit (4.34) und $\boldsymbol{B} = \boldsymbol{H}$ pro Längeneinheit der Flußlinie

$$G_s(T, H) - G_M(T, H) = F_s(T, B) - F_M(T, H) - \frac{1}{4\pi} \boldsymbol{HB}$$
$$= \left(\frac{\Phi_0}{4\pi\lambda}\right)^2 \log\left(\frac{\lambda}{\xi}\right) - \frac{1}{4\pi} H^2. \tag{4.35}$$

Das kritische Feld $H_{c1}(T)$ ist nun dadurch definiert, daß

$$G_s\big(T, H_{c1}(T)\big) = G_M\big(T, H_{c1}(T)\big)$$

ist, also ist nach (4.35)

$$H_{c1}(T) = \frac{\Phi_0}{4\pi\lambda^2} \log\left(\frac{\lambda}{\xi}\right). \tag{4.36}$$

Betrachten wir nun den Fall, daß mehrere Flußlinien die xy-Ebene in den Punkten $\boldsymbol{r}_i$ ($i = 1, \ldots, N$) durchsetzen, wobei wir auf jeder den Fluß Φ_0 annehmen, was der Vorstellung entspricht, daß es für $H \gtrapprox H_{c1}$ energetisch günstiger ist, wenn sich weitere Flußlinien mit einem Flußquant Φ_0 ausbilden, als daß die Flußdichte einer einzelnen Flußlinie ansteigt, was wir hier jedoch nicht nachweisen können. Dann ergibt sich für $\boldsymbol{B}(\boldsymbol{r})$ aus (4.29)

$$\boldsymbol{B}(\boldsymbol{r}) = \boldsymbol{n} \frac{\Phi_0}{2\pi\lambda^2} \sum_{i=1}^{N} K_0\left(\frac{\boldsymbol{r} - \boldsymbol{r}_i}{\lambda}\right). \tag{4.37}$$

Für die freie Energie des Flußlinienpaketes gegenüber der MEISSNER-Phase finden wir in Analogie zu (4.32) pro Längeneinheit

$$F_s(T, B) - F_M(T) = \frac{1}{8\pi} \int \mathrm{d}x\, \mathrm{d}y\, \boldsymbol{B}(\boldsymbol{r}) \left\{\boldsymbol{B}(\boldsymbol{r}) - \lambda^2 \Delta \boldsymbol{B}(\boldsymbol{r})\right\},$$

und indem wir (4.37) benutzen und gemäß (4.33)

$$\boldsymbol{B}(\boldsymbol{r}) - \lambda^2 \Delta \boldsymbol{B}(\boldsymbol{r}) \approx \frac{\Phi_0}{2\pi} \sum_{i=1}^{N} \frac{\delta(\boldsymbol{r} - \boldsymbol{r}_i)}{|\boldsymbol{r} - \boldsymbol{r}_i|}$$

setzen, finden wir pro Längeneinheit des Flußlinienpaketes

$$F_s(T, B) - F_M(T) = \left(\frac{\Phi_0}{4\pi\lambda}\right)^2 \times \left\{N \log \frac{\lambda}{\xi} + \sum_{i \neq j} K_0 \left(\frac{|\boldsymbol{r}_i - \boldsymbol{r}_j|}{\lambda}\right)\right\}.$$

Da die Funktion $K_0 \left(\frac{|\boldsymbol{r}_i - \boldsymbol{r}_j|}{\lambda}\right)$ wie $e^{-\frac{|\boldsymbol{r}_i - \boldsymbol{r}_j|}{\lambda}}$ für $|\boldsymbol{r}_i - \boldsymbol{r}_j| \to \infty$ verschwindet, können wir für die freie Energie pro Volumeneinheit auch schreiben

$$F_s(T, \boldsymbol{B}) = F_M(T) + \frac{n\Phi_0^2}{16\pi^2\lambda^2} \left\{\log \frac{\lambda}{\xi} + \sum_i{}' K_0 \left(\frac{r_i}{\lambda}\right)\right\}, \tag{4.38}$$

wobei n die Flußliniendichte ist und die gestrichene Summe nur die Flußlinien mit $\boldsymbol{r}_i \neq 0$ umfaßt.

Die Beziehung (4.38) gestattet uns nun, $\boldsymbol{H}$ als Funktion von $\boldsymbol{B}$ und T zu berechnen gemäß

$$\boldsymbol{H} = 4\pi \left(\frac{\partial F_s}{\partial \boldsymbol{B}}\right)_T.$$

Beachten wir, daß nach (4.37) $B = n\Phi_0$ ist und daher $r_i \sim \frac{1}{\sqrt{B}}$ und benutzen wir überdies die Relation

$$\frac{\mathrm{d}K_0\left(\frac{r}{\lambda}\right)}{\mathrm{d}r} = -\frac{1}{\lambda} K_1 \left(\frac{r}{\lambda}\right),$$

so erhalten wir aus (4.38) mit (4.36)

$$H - H_{c1} = \frac{\Phi_0}{8\pi\lambda^2} \sum_i{}' \left\{ 2K_0\left(\frac{r_i}{\lambda}\right) + \frac{r_i}{\lambda} K_1\left(\frac{r_i}{\lambda}\right) \right\}. \qquad (4.39)$$

Dies ist eine implizite Gleichung für die magnetische Flußdichte als Funktion von H und T:

$$B = B(H, T),$$

wenn wir beachten, daß die Positionen $\boldsymbol{r}_i$ der Flußlinien von B und T abhängen. Diese wiederum werden im Gleichgewicht dadurch bestimmt, daß sich die Flußlinien so verteilen, daß bei gegebener Feldstärke H und Temperatur die freie Enthalpie $G_s(H, T)$ minimal wird. Gemäß (2.30) ergibt sich dieselbe aus (4.28) und (4.39) zu

$$G_s(H, T) = G_M(T) - \frac{B\Phi_0}{32\pi^2\lambda^2} \sum_i{}' \left(\frac{r_i}{\lambda}\right) K_1\left(\frac{r_i}{\lambda}\right). \qquad (4.40)$$

Wir wollen nun aus (4.39) die Funktion $B(H, T)$ bestimmen unter der Annahme, daß sich die Flußlinien in einem *regelmäßigen Gitter* anordnen, so daß die zentrale Flußlinie auf der z-Achse von Z nächsten Nachbarn im Abstand $r_i = d$ umgeben ist.

In der Nähe des kritischen Feldes H_{c1} ist $d \gg \lambda$, und wir können für die Hankel-Funktionen die asymptotische Formel

$$K_n\left(\frac{r}{\lambda}\right) \approx \sqrt{\frac{\pi\lambda}{2\lambda}}\, e^{-\frac{r}{\lambda}}$$

benutzen. Außerdem überwiegt für $\frac{r_i}{\lambda} \gg 1$ der zweite Term in (4.39) den ersten, so daß wir finden:

$$H - H_{c1} = \frac{Z\Phi_0}{8\pi\lambda^2} \sqrt{\frac{\pi d}{2\lambda}}\, e^{-\frac{d}{\lambda}}. \qquad (4.41)$$

$$G_s(H, T) = G_M(T) - \frac{ZB\Phi_0}{32\pi^2\lambda^2} \sqrt{\frac{\pi d}{2\lambda}}\, e^{-\frac{d}{\lambda}}. \qquad (4.42)$$

Aus (4.41) gewinnen wir

$$\frac{d}{\lambda} = \frac{1}{2} \log \left(\frac{\pi d}{2\lambda}\right) + \log \left\{\frac{Z\Phi_0}{8\pi\lambda^2(H - H_{c1})}\right\},$$

und durch Iteration folgt daraus

$$\frac{d}{\lambda} = \log \left\{\frac{Z\Phi_0}{8\pi\lambda^2(H - H_{c1})}\right\} + \frac{1}{2} \log \left\{\frac{\pi}{2} \log \left[\frac{Z\Phi_0}{8\pi\lambda^2(H - H_{c1})}\right]\right\} \tag{4.43}$$

für $H - H_{c1} \ll H_{c1}$.
Für ein Quadratgitter ($Z = 4$) ist

$$B^{(4)} = n\Phi_0 = \frac{\Phi_0}{d^2}$$

und für ein Dreiecksgitter ($Z = 6$)

$$B^{(6)} = \frac{\Phi_0}{d^2} \frac{2}{\sqrt{3}}.$$

Eliminieren wir daraus d mittels (4.43), so ergibt sich bei Beschränkung auf den ersten Term

$$\left.\begin{aligned} B^{(4)} &= \frac{\Phi_0}{\lambda^2} \left\{\log \frac{\Phi_0}{2\pi\lambda^2(H - H_{c1})}\right\}^{-2}, \\ B^{(6)} &= \frac{2}{\sqrt{3}} \frac{\Phi_0}{\lambda^2} \left\{\log \frac{3\Phi_0}{4\pi\lambda^2(H - H_{c1})}\right\}^{-2} \end{aligned}\right\} (H - H_{c1} \ll H_{c1}). \tag{4.44}$$

Diese Resultate zeigen das charakteristische Verhalten der Flußdichte unmittelbar oberhalb H_{c1} (vgl. Abb. 13). In der (4.41) und (4.42) zugrunde liegenden Näherung $\left(\frac{r_i}{\lambda} \gg 1\right)$ gilt offenbar

$$G_s(H, T) = G_M(T) - \frac{B(H, T)\,(H - H_{c1})}{4\pi}$$

und also auf Grund von (4.44)

$$G_s^{(4)}(H, T) - G_s^{(6)}(H, T)$$

$$= \frac{\Phi_0(H - H_{c1})}{4\pi\lambda^2} \left[\frac{\frac{1}{3}\left(2\sqrt{3} - 3\right)}{\{\log [\Phi_0/4\pi\lambda^2(H - H_{c1})]\}^2} \right] \geqq 0$$

$$(H - H_{c1} \ll H_{c1}).$$

Es ist also unmittelbar oberhalb H_{c1} das Dreiecksgitter die stabile Anordnung der Flußlinien.

Unsere Überlegungen haben wesentlich von der Voraussetzung Gebrauch gemacht, daß

$$\xi \ll \lambda \ll d$$

ist, was außer der Annahme des LONDONschen Grenzfalles ($\varkappa \gg 1$) noch die Beschränkung auf Feldstärken unmittelbar oberhalb H_{c1} bedeutet. Bei der Annäherung an die obere kritische Feldstärke H_{c2} erreichen wir — wie wir hier nicht weiter ausführen wollen — für $\varkappa \gg 1$ schließlich, daß

$$\xi \ll d \ll \lambda$$

ist. In diesem Bereich können wir die vorstehenden Überlegungen zur Bestimmung der Funktion $B(H, T)$ im wesentlichen wiederholen, wobei wir die Summationen über die Flußlinien durch Integrationen ersetzen können. Das Ergebnis ist eine Form von $B(H, T)$, welche für $H \gg H_{c1}$ in die Beziehung $B = H$ für ein normales Metall übergeht. Eine entsprechende Untersuchung der freien Enthalpie zeigt, daß dabei das *Dreiecksgitter* die stabile Flußlinienkonfiguration bleibt.[1])

---

[1]) Dieses Flußliniengitter wurde 1957 von A. A. ABRIKOSSOW theoretisch vorausgesagt und 1966/1967 von ESSMANN und TRÄUBLE experimentell nachgewiesen.

Wir wollen nun noch zeigen, daß das obere kritische Feld H_{c2} mit dem kritischen Feld H_c durch die Relation

$$H_{c2} = \varkappa \sqrt{2}\, H_c \tag{4.45}$$

verknüpft ist.

Für $H_{c2} - H \ll H_{c2}$ ist $|\Psi_s(\boldsymbol{r})|^2$ sehr klein, so daß wir die GINSBURG-LANDAU-Gleichung (4.4) für $\Psi_s(\boldsymbol{r})$ linearisieren können:

$$\frac{1}{2m^*}\left(\frac{\hbar}{i}\nabla - \frac{e^*}{c}A\right)^2 \Psi_s(\boldsymbol{r}) + a\Psi_s(\boldsymbol{r}) = 0.$$

In dieser Form hat sie die Gestalt der Schrödinger-Gleichung für ein geladenes Teilchen der Masse m^* und der Ladung e^*, welches sich in dem Magnetfeld

$$\boldsymbol{B} = \operatorname{rot} \boldsymbol{A}$$

bewegt. Die Eigenwerte dieser Gleichung lauten, falls $\boldsymbol{B}$ parallel zur z-Achse ist,

$$E_n = \frac{\hbar^2 k_z^2}{2m^*} + \left(n + \frac{1}{2}\right)\frac{e^* B}{m^* c}\,(n = 0, 1, 2, \ldots).$$

Es muß also — in der unmittelbaren Nähe von H_{c2} können wir noch $B = H$ setzen —

$$-a = \frac{\hbar^2 k^2_z}{2m^*} + \left(n + \frac{1}{2}\right)\hbar\,\frac{e^* H}{m^* c}$$

sein. Das kritische Feld H_{c2} folgt als größtmögliche Lösung dieser Gleichung:

$$H_{c2} = -\frac{2am^*c}{e^*\hbar}. \tag{4.46}$$

Mittels der Gleichungen (4.9), (4.10), (4.12) und (4.14) findet man

$$-a = \frac{\varkappa}{\sqrt{2}}\frac{e}{mc\hbar},$$

und so resultiert aus (4.46) die Relation (4.45).

Damit wollen wir die sowohl theoretisch als auch im Hinblick auf ihre Bedeutung für technische Anwendungen so interessanten Supraleiter II. Art verlassen und müssen es uns versagen, hier auf weitere Aussagen der Theorie, die wegen des nichtlinearen Charakters der GINSBURG-LANDAU-Gleichungen häufig nur mit beträchtlichem mathematischen Aufwand und vielfach nur numerisch zu gewinnen sind, einzugehen.

5. Elektronen und Phononen

5.1. Phononen

Für die folgenden Überlegungen ist es zweckmäßig und ausreichend, bei der Betrachtung der dynamischen Verhältnisse in einem Metall von der üblichen Unterteilung des Gesamtsystems in das System der Ionen und der Valenzelektronen auszugehen. In einem idealisierten Metall sind im Grundzustand die Ionen regelmäßig räumlich angeordnet. Diese räumliche Anordnung wird hergestellt und aufrechterhalten von den Kräften des im System vorhandenen elektromagnetischen Feldes, dessen Quellen die Ionen und die Valenzelektronen sind. Die letzteren bewegen sich im Gegensatz zu den räumlich fixierten Ionen zwischen denselben in einer Weise, die in guter Näherung mit der Bewegung von Elektronen in einem räumlich homogenen und isotropen elektrisch positiv geladenen Untergrund verglichen werden kann. Dieses Kontinuummodell eines Metalls wollen wir im folgenden benutzen.

Denkt man sich die Ionen aus ihren Gleichgewichtslagen ausgelenkt, so verändert sich in einem stabilen Kristall das elektromagnetische Feld selbstkonsistent so, daß sich Rückstellkräfte ausbilden, die die Ionen in ihre Gleichgewichtslagen zurücktreiben, so daß diese nur dieselben Schwingungen aus-

---

[1]) In den ersten beiden Abschnitten dieses Kapitels stellen wir, ähnlich wie im Kapitel 2, einigen Stoff dar, welcher insbesondere dem theoretisch versierten Festkörperphysiker vertraut ist. Dieser möge die Lektüre sogleich im 3. Abschnitt fortsetzen.

führen. Diese Schwingungen sind spezielle Elementaranregungen des Kristalls, genauer des Ionengitters, welche man als Gitterschwingungen bzw. *Phononen* bezeichnet.

Im Rahmen unseres Kontinuummodells charakterisieren wir die Auslenkung der Phononen durch ein Verschiebungsfeld $\boldsymbol{s}(\boldsymbol{r}, t)$. Beschränken wir uns auf die Terme zweiter Ordnung in diesem Feld bei der Darstellung der kinetischen und der potentiellen Energie des deformierten Kontinuums, so erhalten wir für dessen Energie

$$\mathscr{H}_{\text{ph}} = \int \mathrm{d}^3\boldsymbol{r} \left\{ \frac{\varrho_0}{2} \dot{\boldsymbol{s}}^2(\boldsymbol{r}t) + \frac{\mu}{4} \sum_{ik} \left(\frac{\partial s_i}{\partial x_k} + \frac{\partial s_k}{\partial x_i} \right)^2 + \frac{\lambda}{2} \{\operatorname{div} \boldsymbol{s}(\boldsymbol{r}, t)^2\} \right\}. \tag{5.1}$$

Dabei ist ϱ_0 die mittlere Massendichte des Kristalls, und μ und λ sind die Laméschen Elastizitätskonstanten. Es genügt nun, sich nur auf solche Phononen zu beschränken, welche mit einer Dichteänderung des Ionensystems verbunden sind, da nur solche eine Änderung der elektrischen Ladungsdichte des Kontinuums und somit den Aufbau eines starken rücktreibenden elektromagnetischen Feldes bewirken. Wir beschränken uns also auf solche Verschiebungsfelder, für die

$$\operatorname{rot} \boldsymbol{s}(\boldsymbol{r}, t) \equiv 0 \tag{5.2}$$

ist. Damit können wir (5.1) umschreiben in die Form

$$\mathscr{H}_{\text{ph}} = \int \mathrm{d}^3\boldsymbol{r} \left\{ \frac{\varrho_0}{2} \dot{\boldsymbol{s}}^2(\boldsymbol{r}, t) + \frac{2\mu + \lambda}{2} \{\operatorname{div} \boldsymbol{s}(\boldsymbol{r}, t)\}^2 \right\}.$$

Führen wir nun die Fourier-Darstellung

$$\boldsymbol{s}(\boldsymbol{r}, t) = \frac{-i}{\sqrt{\varrho_0}} \sum_{\boldsymbol{q}} \left(\frac{\hbar}{2\omega(\boldsymbol{q})\,\Omega} \right)^{1/2} \frac{\boldsymbol{q}}{q} \left(b\, \mathrm{e}^{i(\boldsymbol{q}\boldsymbol{r} - \omega(\boldsymbol{q})t)} - c.c.\right), \tag{5.3}$$

$$\omega(\boldsymbol{q}) = \sqrt{\frac{2\mu + \lambda}{\varrho_0}}\, q \qquad (\Omega\text{: Volumen des Systems})$$

ein, welche die Bedingung (5.2) erfüllt und erkennen läßt, daß es sich bei den betrachteten Elementaranregungen um longitudinale Schallwellen der Frequenz $\omega(\boldsymbol{q})$, des Wellenvektors $\boldsymbol{q}$ und der Phasengeschwindigkeit

$$c_s = \sqrt{\frac{2\mu + \lambda}{\varrho_0}}$$

handelt, so gewinnt $\mathscr{H}_{\text{ph}}$ die einfache Gestalt

$$\mathscr{H}_{\text{ph}} = \frac{1}{2} \sum_{\boldsymbol{q}} \hbar\omega(\boldsymbol{q}) \{b_{\boldsymbol{q}}^* b_{\boldsymbol{q}} + b_{\boldsymbol{q}} b_{\boldsymbol{q}}^*\}. \tag{5.4}$$

Zur Quantisierung des durch (5.4) charakterisierten Systems ungekoppelter harmonischer Oszillatoren gelangt man, indem man $b_{\boldsymbol{q}}$ und $b^*_{\boldsymbol{q}}$ durch Operatoren $b_{\boldsymbol{q}}$ und $b_{\boldsymbol{q}}^+$ ersetzt und so zum Hamilton-Operator

$$\boxed{\mathscr{H}_{\text{ph}} = \frac{1}{2} \sum_{\boldsymbol{q}}' \hbar\omega(\boldsymbol{q}) \{b_{\boldsymbol{q}}^+ b_{\boldsymbol{q}} + b_{\boldsymbol{q}} b_{\boldsymbol{q}}^+\}} \tag{5.5}$$

übergeht, wobei $b_{\boldsymbol{q}}$ und $b_{\boldsymbol{q}}^+$ die Vertauschungsrelationen

$$\boxed{[b_{\boldsymbol{q}}, b_{\boldsymbol{q}'}^+] = \delta_{\boldsymbol{q}\boldsymbol{q}'}, \qquad [b_{\boldsymbol{q}}, b_{\boldsymbol{q}'}] = 0}$$

erfüllen. Das Verschiebungsfeld wird dann ebenfalls ein Operator:

$$\boxed{\begin{aligned} \boldsymbol{s}(\boldsymbol{r}, t) = -i \sum_{\boldsymbol{q}} \left(\frac{\hbar}{2\varrho_0\omega(\boldsymbol{q})\Omega}\right)^{1/2} \frac{\boldsymbol{q}}{q} \{&b_{\boldsymbol{q}} e^{i(\boldsymbol{q}\boldsymbol{r} - \omega(\boldsymbol{q})t)} \\ &- b_{\boldsymbol{q}}^+ e^{-i(\boldsymbol{q}\boldsymbol{r} - \omega(\boldsymbol{q})t)}\}. \end{aligned}} \tag{5.6}$$

Indem wir uns auf longitudinale Phononen beschränken, haben wir jedem Ion statt dreier nur einen Translationsfreiheitsgrad zugebilligt. Haben wir N_i Ionen im Volumen Ω, so muß der Hamilton-Operator (5.5) ein System von N_i Freiheitsgraden beschreiben. Diese Bedingung schränkt die $\boldsymbol{q}$-Summation ein, es muß gelten

$$\sum_{\boldsymbol{q}} 1 = N_i$$

bzw.

$$\frac{\Omega}{8\pi^3}\int\limits_0^{q_D} d^3\boldsymbol{q} = \frac{\Omega}{8\pi^3}\,\frac{4\pi}{3}\,q_D{}^3 = N_i,$$

$$q_D{}^3 = \frac{6\pi^2 N_i}{\Omega} = 6\pi^2 n_i.$$

Diesem sogenannten *Debye-Wellenvektor* entspricht eine *Debye-Frequenz*, definiert gemäß

$$\omega_D = c_s q_D = \sqrt{\frac{2\mu + \lambda}{\varrho_0}}\,q_D.$$

Charakteristische *Debye-Energien* $\hbar\omega_D$ liegen bei etwa 0,02 bis 0,1 eV.

5.2. *Elektronengas*

Halten wir an unserem im vorigen Abschnitt eingeführten Kontinuumsmodell für das Ionengitter fest, so bewegen sich die Elektronen in einem Medium mit der räumlich homogenen und isotropen Ladungsdichte

$$-eZn_i = -eZ\,\frac{N_i}{\Omega} = -eZ\,\frac{\varrho_0}{M}, \qquad (0 < e)$$

wenn wir mit M die Ionenmasse bezeichnen und mit Z die Valenz und wenn wir den Grundzustand des Systems betrachten, in dem keine Phononen vorhanden sind. Die Elektronen wechselwirken miteinander nach dem Coulombschen Gesetz, so daß der Hamilton-Operator des Elektronensystems für sich in der Form

$$\mathscr{H}_{el} = \sum_{i=1}^{N_e} \frac{1}{2m}\,p_i{}^2 + \frac{1}{2}\sum_{i\neq j}\frac{e^2}{|\boldsymbol{r}_i - \boldsymbol{r}_j|} \tag{5.7}$$

geschrieben werden kann. Führen wir für das Coulomb-Potential

$$v(\boldsymbol{r}_1 - \boldsymbol{r}_2) = \frac{e^2}{|\boldsymbol{r}_1 - \boldsymbol{r}_2|}$$

die Fourier-Darstellung

$$v(\boldsymbol{r}_1 - \boldsymbol{r}_2) = \frac{1}{\Omega} \sum_k \frac{4\pi e^2}{k^2} e^{i\boldsymbol{k}(\boldsymbol{r}_1 - \boldsymbol{r}_2)}$$

ein, so sehen wir, daß der Term mit $k = 0$ offenbar das Potential der Ladung e in Wechselwirkung mit der homogenen Ladungsdichte $\frac{e}{\Omega}$ beschreibt. Bilden wir nun den Hamilton-Operator des Elektronengases in dem positiven Untergrund der Ladungsdichte $-eZ\frac{N_i}{\Omega}$, so sehen wir, daß aus Neutralitätsgründen von diesem positiven Untergrund gerade der Beitrag mit $k = 0$ zum Elektron-Elektron-Wechselwirkungsterm in (5.7) kompensiert wird. Wir schreiben daher für den Elektronen-Hamilton-Operator bei Berücksichtigung des positiven Untergrundes

$$\mathscr{H}_{\text{el}} = \sum_{i=1}^{N_e} \frac{1}{2m} p_i^2 + \frac{1}{2} \sum_{i \neq j} \frac{1}{\Omega} \sum_{\boldsymbol{k} \neq 0} \frac{4\pi e^2}{k^2} e^{i\boldsymbol{k}(\boldsymbol{r}_i - \boldsymbol{r}_j)}. \tag{5.8}$$

Dieser Hamilton-Operator ist der Ausgangspunkt der Theorie des homogenen Elektronengases, in dem der positive Untergrund als starr behandelt wird. Auf diese Theorie können wir hier nicht näher eingehen und brauchen es auch nicht, es genügt, wenn wir uns ein einfaches anschauliches Bild von der Wechselwirkung machen: Wir nehmen an, die Elektronen bewegen sich unkorreliert im mittleren Feld aller Elektronen und des positiven Untergrundes. In diesem Falle kann man jedem Elektron eine Wellenfunktion

$$\Psi_{\boldsymbol{k}s}(\boldsymbol{r}_i, s_i) = \eta_s(s_i) \frac{1}{\sqrt{\Omega}} e^{i\boldsymbol{k}\boldsymbol{r}_i} \qquad (i = 1, \ldots, N_e) \tag{5.9}$$

($\eta_s(s_i)$: Spinfunktion)

zuordnen, und man erwartet für den Hamilton-Operator (5.8) eine (5.5) korrespondierende Gestalt

$$\mathscr{H}_{\text{el}} = \sum_{\boldsymbol{k}s} \varepsilon(k)\, a^+_{\boldsymbol{k}s} a_{\boldsymbol{k}s} \tag{5.10}$$

mit Operatoren $a_{\boldsymbol{k}s}$, welche entsprechend der Forderung der Antisymmetrie der Gesamtwellenfunktion den Vertauschungsregeln

$$\boxed{[a_{\boldsymbol{k}s}, \overset{+}{a}_{\boldsymbol{k}'s'}]_+ \equiv a_{\boldsymbol{k}s}\overset{+}{a}_{\boldsymbol{k}'s'} + \overset{+}{a}_{\boldsymbol{k}'s'}a_{\boldsymbol{k}s} = \delta_{ss'}\delta_{\boldsymbol{k}\boldsymbol{k}'},} \tag{5.11}$$

$$\boxed{[a_{\boldsymbol{k}s}, a_{\boldsymbol{k}'s'}]_+ = 0} \tag{5.12}$$

genügen. Darin ist $\varepsilon(\boldsymbol{k})$ ein Energieparameter, den wir als Energie des einzelnen Elektrons im mittleren Feld des Gesamtsystems verstehen können. Die gröbste Näherung, die der Vernachlässigung des Wechselwirkungsterms in (5.8) entspricht, wäre

$$\varepsilon(\boldsymbol{k}) = \frac{\hbar^2\boldsymbol{k}^2}{2m} \tag{5.13}$$

(Hartree-Näherung). Tatsächlich führt jedoch die approximative Diagonalisierung von (5.8) mit einem antisymmetrischen Produktansatz aus Wellenfunktionen (5.9) zur Form (5.10) des Hamilton-Operators mit einem von (5.13) verschiedenen Energieparameter $\varepsilon(\boldsymbol{k})$. Dies ist die Hartree-Fock-Näherung, auf die wir jedoch nicht weiter einzugehen brauchen; für uns genügen die in (5.10), (5.11), (5.12) enthaltenen Aussagen über das Elektronengas, wobei die explizite Gestalt des Energieparameters $\varepsilon(\boldsymbol{k})$ keine Rolle spielt.

Im Grundzustand des Elektronengases ist jeder durch die Quantenzahlen $\boldsymbol{k}s$ charakterisierte Zustand gemäß dem Pauli-Prinzip mit zwei Elektronen besetzt, so daß

$$\sum_{\boldsymbol{k}s} 1 = \frac{\Omega}{4\pi^3}\int\limits_0^{k_F} \mathrm{d}^3\boldsymbol{k} = N_e$$

eine Grenzwellenzahl k_F definiert:

$$k^3_{\mathrm{F}} = \frac{3\pi^2 N_e}{\Omega} \equiv 3\pi^2 n_e,$$

die *Fermi-Wellenzahl*, welcher die *Fermi-Energie*

$$E_{\mathrm{F}} = \varepsilon(\boldsymbol{k}_{\mathrm{F}})$$

entspricht. Sie definiert im $\boldsymbol{k}$-Raum die *Fermi-Kugel*

$$\varepsilon(\boldsymbol{k}) = E_{\mathrm{F}}$$

bzw.

$$|\boldsymbol{k}| = k_{\mathrm{F}}.$$

Typische Fermi-Energien sind von der Größenordnung einiger eV, sie sind also gut hundertfach größer als die Debye-Energien $\hbar\omega_{\mathrm{D}}$.

5.3. *Elektron-Phonon-Wechselwirkung*

Für den Hamilton-Operator der Elektronen in einem deformierten positiven Untergrund, schreiben wir

$$\mathscr{H} = \mathscr{H}_{\mathrm{el}} + \mathscr{H}_{\mathrm{ph}} + \mathscr{H}_{\mathrm{el-ph}}. \tag{5.14}$$

Darin sind der Elektronen-Hamilton-Operator $\mathscr{H}_{\mathrm{el}}$ und der Phonon-Hamilton-Operator $\mathscr{H}_{\mathrm{ph}}$ gegeben durch

$$\mathscr{H}_{\mathrm{el}} = \sum_{\boldsymbol{k}s} \varepsilon(\boldsymbol{k})\, a^{+}_{\boldsymbol{k}s} a_{\boldsymbol{k}s}$$

bzw.

$$\mathscr{H}_{\mathrm{ph}} = \sum_{\boldsymbol{q}} \hbar\omega(\boldsymbol{q})\, b_{\boldsymbol{q}}^{+} b_{\boldsymbol{q}}$$

(die Nullpunktsenergie der Phononen haben wir wie üblich subtrahiert).

Zur Bestimmung des Beitrages $\mathscr{H}_{\mathrm{el-ph}}$ der *Elektron-Phonon-Wechselwirkung* bemerken wir zunächst, daß in dem deformierten positiven Kontinuum ein durch das Verschiebungsfeld $\mathbf{s}(\boldsymbol{r}, t)$ definierter Ladungsüberschuß

$$\varrho_i(\boldsymbol{r}, t) = Zen_i \operatorname{div} \mathbf{s}(\boldsymbol{r}, t)$$

vorhanden ist. Dieser erzeugt nach der Poissonschen Gleichung ein elektrisches Potential

$$U_i(\boldsymbol{r}, t) = Zen_i \int \frac{\operatorname{div} \mathbf{s}(\boldsymbol{r}', t)}{|\boldsymbol{r} - \boldsymbol{r}'|}\, \mathrm{d}^3\boldsymbol{r}'.$$

In diesem bewegen sich nun die Elektronen, wobei ihre elektrische Ladungsdichte ebenfalls inhomogen wird und Quelle eines induzierten Potentials, welches zu dem Ionenpotential $U_i(\boldsymbol{r}, t)$ hinzukommt, so daß sich ein selbstkonsistentes Gesamtpotential $U(\boldsymbol{r}, t)$ ausbildet, welches aus $U_i(\boldsymbol{r}, t)$ mittels der *dielektrischen Funktion* $\varepsilon(\boldsymbol{r} - \boldsymbol{r}', t - t')$ der Elektronen ausgedrückt werden kann gemäß

$$U(\boldsymbol{r}, t) = \int \mathrm{d}^3\boldsymbol{r}'\, \mathrm{d}t'\, \varepsilon^{-1}(\boldsymbol{r} - \boldsymbol{r}', t - t')\, U_i(\boldsymbol{r}', t'). \quad (5.15)$$

Da die maximale Frequenz $\hbar\omega_D$ der Phononen sehr viel kleiner ist als die *Plasmafrequenz* $\omega_p = \sqrt{\frac{4\pi n_e e^2}{m}}$ der Elektronen, können wir in (5.15) die dielektrische Funktion statisch approximieren:

$$\varepsilon(\boldsymbol{r} - \boldsymbol{r}', t - t') = \varepsilon(\boldsymbol{r} - \boldsymbol{r}')\, \delta(t - t'),$$

und für $\varepsilon(\boldsymbol{r} - \boldsymbol{r}')$ die *Thomas-Fermi-Näherung* benutzen:

$$\varepsilon^{-1}(\boldsymbol{r} - \boldsymbol{r}') = \frac{1}{\Omega} \sum_{\boldsymbol{q}} \frac{q^2}{q^2 + q_{TF}^2}\, e^{i\boldsymbol{q}(\boldsymbol{r}-\boldsymbol{r}')}.$$

Da die maximalen $\boldsymbol{q}$-Vektoren höchstens von der Größenordnung q_{TF} sind, machen wir die weitere Approximation

$$\int \mathrm{d}^3\boldsymbol{r}'\varepsilon^{-1}(\boldsymbol{r} - \boldsymbol{r}'')\, \frac{1}{|\boldsymbol{r}'' - \boldsymbol{r}'|} \sim \frac{4\pi}{q_{TF}^2}\, \delta(\boldsymbol{r} - \boldsymbol{r}')$$

und erhalten also

$$U(\boldsymbol{r}, t) = Z\, \frac{4\pi e n_i}{q_{TF}^2}\, \mathrm{div}\, \mathbf{s}(\boldsymbol{r}, t). \quad (5.16)$$

Bezeichnen wir den Operator der Elektronendichte mit $n_e(\boldsymbol{r}, t)$, so haben wir zunächst

$$\mathscr{H}_{\text{el-ph}} = \int e n_e(\boldsymbol{r}, t)\, U(\boldsymbol{r}, t)\, \mathrm{d}^3\boldsymbol{r}$$

bzw. mit (5.16)

$$\mathscr{H}_{\text{el-ph}} = \frac{Z 4\pi e^2 n_i}{q_{TF}^2} \int \mathrm{d}^3\boldsymbol{r}\, n_e(\boldsymbol{r}, t)\, \mathrm{div}\, \mathbf{s}(\boldsymbol{r}, t).$$

Schreiben wir nun

$$b_{\boldsymbol{q}}\,\mathrm{e}^{-i\omega(\boldsymbol{q})t} = b_{\boldsymbol{q}}(t)$$

und benutzen die Darstellung (5.3) des Verschiebungsfeldes $\boldsymbol{s}(\boldsymbol{r}, t)$, so folgt

$$\mathscr{H}_{\text{el-ph}} = Z\,\frac{4\pi e^2}{q_{\text{TF}}^2}\cdot\sqrt{\frac{n_i}{Mc_s^2}}\sum_{\boldsymbol{q}}\left(\frac{\hbar\omega(\boldsymbol{q})}{2\Omega}\right)^{1/2} \times\{n_{\text{e}}(\boldsymbol{q}, t)\,b_{\boldsymbol{q}}(t) + n_{\text{e}}(\boldsymbol{q}, t)\,b^+_{-\boldsymbol{q}}(t)\}.$$

Mit der Abkürzung

$$\gamma = Z\,\frac{4\pi e^2}{q_{\text{TF}}^2}\sqrt{\frac{n_i}{Mc_s^2}} \tag{5.17}$$

für den Elektron-Phonon-*Kopplungsparameter* und

$$\varphi(\boldsymbol{r}, t) = \frac{1}{\Omega}\sum_{\boldsymbol{q}}\sqrt{\frac{\hbar\omega(\boldsymbol{q})}{2\Omega}}\,\{b_{\boldsymbol{q}}(t)\,\mathrm{e}^{i\boldsymbol{q}\boldsymbol{r}} + b^+_{\boldsymbol{q}}(t)\,\mathrm{e}^{-i\boldsymbol{q}\boldsymbol{r}}\}$$

schreiben wir dies kompakt

$$\mathscr{H}_{\text{el-ph}} = \gamma\int \mathrm{d}^3\boldsymbol{r}\,n_{\text{e}}(\boldsymbol{r}, t)\,\varphi(\boldsymbol{r}, t).$$

Führen wir wie üblich die Elektronen-Feldoperatoren $\psi_s(\boldsymbol{r}, t)$ und $\psi_s^+(\boldsymbol{r}, t)$ ein mit den Vertauschungsrelationen

$$\left.\begin{aligned} [\psi_s(\boldsymbol{r}, t), \psi_{s'}^+(\boldsymbol{r}', t)]_+ &= \delta_{ss'}\delta(\boldsymbol{r}-\boldsymbol{r}'),\\ [\psi_s(\boldsymbol{r}, t), \psi_{s'}(\boldsymbol{r}', t)]_+ &= 0, \end{aligned}\right\} \tag{5.18}$$

so lautet $\mathscr{H}_{\text{el-ph}}$ jetzt

$$\mathscr{H}_{\text{el-ph}} = \gamma\sum_s\int \mathrm{d}^3\boldsymbol{r}\,\psi_s^+(\boldsymbol{r}, t)\,\psi_s(\boldsymbol{r}, t)\,\varphi(\boldsymbol{r}, t). \tag{5.19}$$

Für spätere Überlegungen wollen wir noch eine andere Form des Elektron-Phonon-Wechselwirkungsoperators bereitstellen.

Unsere Vorstellungen vom Elektronengas sind derart, daß wir jedes Elektron durch eine Wellenfunktion beschreiben können

$$\Psi_{\boldsymbol{k}s}(\boldsymbol{r}', s') = \eta_s(s') \frac{1}{\sqrt{\Omega}} e^{i\boldsymbol{k}\boldsymbol{r}'},$$

welche Eigenfunktion eines effektiven Einelektronen-Hamilton-Operators ist:

$$H\Psi_{\boldsymbol{k}s}(\boldsymbol{r}'; s') = \varepsilon(\boldsymbol{k}) \Psi_{\boldsymbol{k}s}(\boldsymbol{r}'),$$

so daß für die Gesamtenergie des Elektronensystems bei abwesenden Phononen resultiert

$$E_{\text{el}} = \sum_{\boldsymbol{k}s} \varepsilon(\boldsymbol{k}) = \sum_{\boldsymbol{k}s} (\Psi_{\boldsymbol{k}s}, H\Psi_{\boldsymbol{k}s}).$$

Danach ist es klar, daß wir den Hamilton-Operator der Elektronen in der Form (5.10) erhalten, wenn wir schreiben

$$\psi_{\boldsymbol{k}s}(\boldsymbol{r}', s') = \frac{1}{\sqrt{\Omega}} \sum_{\boldsymbol{k}s} a_{\boldsymbol{k}s}\eta_s(s') e^{i\boldsymbol{k}\boldsymbol{r}'} \tag{5.20}$$

und von den Amplituden $a_{\boldsymbol{k}s}$ zu den Operatoren $a_{\boldsymbol{k}s}$ übergehen. Betrachten wir also (5.20) als Operatorrelation, so ergibt sich durch Einsetzen in (5.19)

$$\mathscr{H}_{\text{el-ph}} = \gamma \sum_{\boldsymbol{q}} \sum_{\boldsymbol{k}s} \left(\frac{\hbar\omega(\boldsymbol{q})}{2\Omega}\right)^{1/2} \{a^+_{\boldsymbol{k}+\boldsymbol{q}s}a_{\boldsymbol{k}s}b_{\boldsymbol{q}} + a^+_{\boldsymbol{k}+\boldsymbol{q}s}a_{\boldsymbol{k}s}b^+_{-\boldsymbol{q}}\},$$

und der Hamilton-Operator des Elektron-Phonon-Systems, den wir im folgenden zugrunde legen wollen, lautet

$$\boxed{\begin{aligned}\mathscr{H} = {} & \sum_{\boldsymbol{k}s} \varepsilon(\boldsymbol{k})\, a^+_{\boldsymbol{k}s}a_{\boldsymbol{k}s} + \sum_{\boldsymbol{q}} \hbar\omega(\boldsymbol{q})\, b_{\boldsymbol{q}}^+b_{\boldsymbol{q}} \\ & + \gamma \sum_{\boldsymbol{q}} \sum_{\boldsymbol{k}s} \left(\frac{\hbar\omega(\boldsymbol{q})}{2\Omega}\right)^{1/2} a^+_{\boldsymbol{k}+\boldsymbol{q}s}a_{\boldsymbol{k}s} \{b_{\boldsymbol{q}} + b^+_{-\boldsymbol{q}}\},\end{aligned}} \tag{5.21}$$

wobei die $\boldsymbol{q}$-Summen auf $q \leqq q_{\text{D}}$ beschränkt sind und der Kopplungsparameter durch (5.17) gegeben ist.

6. Die mikroskopische Theorie von Bardeen, Cooper und Schrieffer (BCS-Theorie)

6.1. Der supraleitende Grundzustand

Wir beschäftigen uns nun mit dem Grundzustand des Hamilton-Operators (5.21), also des Elektron-Phonon-Systems in dem einfachen, in den vorigen Abschnitten entwickelten Kontinuummodell. Der Grundzustand ergibt sich aus dem Variationsproblem

$$\langle \Psi_0 | \mathscr{H} | \Psi_0 \rangle = \min , \qquad \langle \Psi_0 | \Psi_0 \rangle = 1 .$$

Würden wir die Elektron-Phonon-Wechselwirkung vernachlässigen, so wäre der Grundzustand $|\Psi_0\rangle$ einfach das Produkt aus dem Vakuum-Zustand $|0\rangle_{\mathrm{ph}}$ der Phononen und dem Grundzustand $|\chi_0\rangle$ des Elektronen-Hamilton-Operators (5.10), dem eine bis zum Wellenvektor k_{F} besetzte Fermi-Kugel mit zwei Elektronen mit entgegengesetztem Spin pro Zustand $\boldsymbol{k}$ entspricht.

Ziehen wir nun die Schrödingersche Störungstheorie heran, so ergibt sich nach den üblichen Regeln aus dem Grundzustand $|\Psi_0\rangle = |\chi_0\rangle\, |0\rangle_{\mathrm{ph}}$ nullter Ordnung für den wechselwirkenden Grundzustand in niedrigster Näherung

$$|\Psi_0\rangle = C_0 \left\{ 1 + \gamma \sum_{\boldsymbol{q}} \sum_{\boldsymbol{k}s}{}' \left(\frac{\hbar\omega(\boldsymbol{q})}{2\Omega} \right)^{1/2} \right.$$

$$\left. \times \frac{a^+_{\boldsymbol{k}-\boldsymbol{q}s} a_{\boldsymbol{k}s} b_{\boldsymbol{q}}^+}{\varepsilon(\boldsymbol{k}) - \varepsilon(\boldsymbol{k}-\boldsymbol{q}) - \hbar\omega(\boldsymbol{q})} \right\} |\chi_0\rangle\, |0\rangle_{\mathrm{ph}} , \qquad (6.1)$$

wobei die $\boldsymbol{k}$-Summe so zu führen ist, daß $\varepsilon(\boldsymbol{k} - \boldsymbol{q}) > E_{\mathrm{F}}$ und $\varepsilon(\boldsymbol{k}) < E_{\mathrm{F}}$ ist. Bilden wir zu dem durch Anbringen der Konstanten C_0 normierten Zustand (6.1) die Grundzustandsenergie $\mathscr{E}_0$, so erhalten wir bei Beschränkung auf die Terme zweiter Ordnung

$$\mathscr{E}_0 = \langle\chi_0| \sum_{\boldsymbol{k}s} \varepsilon(\boldsymbol{k})\, a^+_{\boldsymbol{k}s} a_{\boldsymbol{k}s} + \frac{\gamma^2}{2} \frac{1}{2\Omega} \sum_{\boldsymbol{q}} \sum_{\boldsymbol{k}s\boldsymbol{k}'s'}' \times \left\{ \frac{\hbar\omega(\boldsymbol{q})}{\varepsilon(\boldsymbol{k}) - \varepsilon(\boldsymbol{k}-\boldsymbol{q}) - \hbar\omega(\boldsymbol{q})}\, a^+_{\boldsymbol{k}'+\boldsymbol{q}s'} a_{\boldsymbol{k}'s'} a^+_{\boldsymbol{k}-\boldsymbol{q}s} a_{\boldsymbol{k}s} + \frac{\hbar\omega(\boldsymbol{q})}{\varepsilon(\boldsymbol{k}) - \varepsilon(\boldsymbol{k}-\boldsymbol{q}) - \hbar\omega(\boldsymbol{q})} \times a^+_{\boldsymbol{k}s} a_{\boldsymbol{k}-\boldsymbol{q}s} a^+_{\boldsymbol{k}'-\boldsymbol{q}s'} a_{\boldsymbol{k}'s'} \right\} |\chi_0\rangle .$$

Ersetzen wir in der zweiten Summe $\boldsymbol{k}$ durch $\boldsymbol{k}' + \boldsymbol{q}$ und $\boldsymbol{k}'$ durch $\boldsymbol{k}$, so können wir die Summen zusammenfassen und schreiben

$$\mathscr{E}_0 = \langle\chi_0| \sum_{\boldsymbol{k}s} \varepsilon(\boldsymbol{k})\, a^+_{\boldsymbol{k}s} a_{\boldsymbol{k}s} + \frac{\gamma^2}{2} \frac{1}{2\Omega} \sum_{\boldsymbol{q}} \sum_{\boldsymbol{k}\boldsymbol{k}'ss'} \times \left\{ \frac{\hbar\omega(\boldsymbol{q})}{\varepsilon(\boldsymbol{k}) - \varepsilon(\boldsymbol{k}-\boldsymbol{q}) - \hbar\omega(\boldsymbol{q})} - \frac{\hbar\omega(\boldsymbol{q})}{\varepsilon(\boldsymbol{k}') - \varepsilon(\boldsymbol{k}'+\boldsymbol{q}) + \hbar\omega(\boldsymbol{q})} \right\} \times a^+_{\boldsymbol{k}'+\boldsymbol{q}s'} a_{\boldsymbol{k}'s'} a^+_{\boldsymbol{k}-\boldsymbol{q}s} a_{\boldsymbol{k}s} |\chi_0\rangle .$$

Dies können wir weiter zusammenfassen zu

$$\mathscr{E}_0 = \langle\chi_0| \sum_{\boldsymbol{k}s} \varepsilon(\boldsymbol{k})\, a^+_{\boldsymbol{k}s} a_{\boldsymbol{k}s} + \frac{\gamma^2}{2} \frac{1}{2\Omega} \sum_{\boldsymbol{q}} \sum_{\boldsymbol{k}\boldsymbol{k}'ss'} \times \left\{ \frac{\{\hbar\omega(\boldsymbol{q})\}^2}{\{\varepsilon(\boldsymbol{k}) - \varepsilon(\boldsymbol{k}-\boldsymbol{q})\}^2 - \{\hbar\omega(\boldsymbol{q})\}^2} + \frac{\{\hbar\omega(\boldsymbol{q})\}^2}{\{\varepsilon(\boldsymbol{k}') - \varepsilon(\boldsymbol{k}'+\boldsymbol{q})\}^2 - \{\hbar\omega(\boldsymbol{q})\}^2} \right\} a^+_{\boldsymbol{k}'+\boldsymbol{q}s'} a_{\boldsymbol{k}'s'} a^+_{\boldsymbol{k}-\boldsymbol{q}s} a_{\boldsymbol{k}s} |\chi_0\rangle$$

und schreiben

$$\mathscr{E}_0 = \langle\chi_0|\, \tilde{\mathscr{H}}|\chi_0\rangle \tag{6.2}$$

mit

$$\tilde{\mathscr{H}} = \sum_{\boldsymbol{k}s} \tilde{\varepsilon}(\boldsymbol{k})\, a^+_{\boldsymbol{k}s} a_{\boldsymbol{k}s} + \frac{1}{2} \sum_{\boldsymbol{k}\boldsymbol{k}'ss'} \sum_{\boldsymbol{q}} \langle \boldsymbol{k} - \boldsymbol{q}s, \boldsymbol{k}' + \boldsymbol{q}s' \times |V|\, \boldsymbol{k}s\boldsymbol{k}'s'\rangle\, a^+_{\boldsymbol{k}'+\boldsymbol{q}s} a^+_{\boldsymbol{k}-\boldsymbol{q}s} a_{\boldsymbol{k}s} a_{\boldsymbol{k}'s'}, \tag{6.3}$$

wobei

$$\tilde{\varepsilon}(\boldsymbol{k}) = \varepsilon(\boldsymbol{k}) + \frac{\gamma^2}{2}\frac{1}{\Omega}\sum_{\boldsymbol{q}} \frac{\{\hbar\omega(\boldsymbol{q})\}^2}{\{\varepsilon(\boldsymbol{k}) - \varepsilon(\boldsymbol{k}-\boldsymbol{q})\}^2 - \{\hbar\omega(\boldsymbol{q})\}^2}$$

und

$$\langle \boldsymbol{k} - \boldsymbol{q}s, \boldsymbol{k}' + \boldsymbol{q}s'|V|\, \boldsymbol{k}s\, \boldsymbol{k}'s'\rangle = \frac{\gamma^2}{2}\frac{1}{\Omega}\left\{\frac{\{\hbar\omega(\boldsymbol{q})\}^2}{\{\varepsilon(\boldsymbol{k}) - \varepsilon(\boldsymbol{k}-\boldsymbol{q})\}^2 - \{\hbar\omega(\boldsymbol{q})\}^2} + \frac{\{\hbar\omega(\boldsymbol{q})\}^2}{\{\varepsilon(\boldsymbol{k}') - \varepsilon(\boldsymbol{k}'+\boldsymbol{q})\}^2 - \{\hbar\omega(\boldsymbol{q})\}^2}\right\} \tag{6.4}$$

ist.

$\tilde{\mathscr{H}}$ hat die Form eines Hamilton-Operators eines wechselwirkenden Elektronensystems. Die Wechselwirkung ist jedoch nicht die Coulomb-Wechselwirkung. Diese haben wir bereits bei der Definition der Energieparameter $\varepsilon(\boldsymbol{k})$ berücksichtigt. Sie kommt vielmehr durch die Elektron-Phonon-Wechselwirkung zustande: Die Elektronen wechselwirken durch Emission und Absorption von Phononen. Ein Elektron im Zustand $|\boldsymbol{k}s\rangle$ emittiert ein Phonon mit dem Wellenvektor $\boldsymbol{q}$ und geht dabei in den Zustand $|\boldsymbol{k} - \boldsymbol{q}s\rangle$ über. Das Phonon wird von einem anderen Elektron im Zustand $\boldsymbol{k}'s'$ absorbiert, welches dabei in den Zustand $\boldsymbol{k}' + \boldsymbol{q}, s'$ übergeht (vgl. Abb. 15).

Die durch das Matrixelement (6.4) definierte Wechselwirkung zwischen zwei Elektronen ist *anziehend*, falls

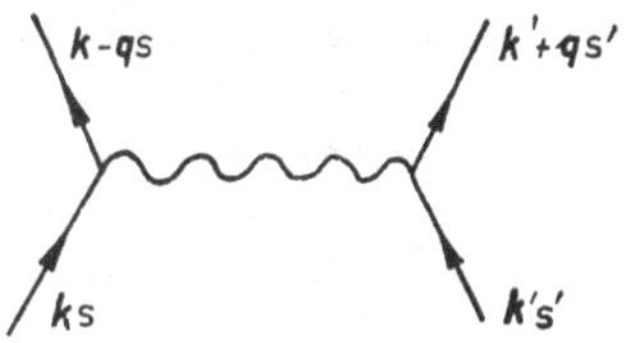

Abb. 15. Schematische Veranschaulichung der anziehenden Wechselwirkung zwischen zwei Elektronen durch Austausch eines virtuellen Phonons

die Bedingungen

$$|\varepsilon(\boldsymbol{k}_1) - \varepsilon(\boldsymbol{k}_1')| \ll \hbar\omega(\boldsymbol{q}) \approx \hbar\omega_D,$$

$$|\varepsilon(\boldsymbol{k}_2) - \varepsilon(\boldsymbol{k}_2')| \ll \hbar\omega(\boldsymbol{q}) \approx \hbar\omega_D$$

erfüllt sind.

Dies legt den Gedanken nahe, daß man gegenüber dem durch (6.2) gegebenen störungstheoretischen Wert für die Grundzustandsenergie eine Absenkung erhält, wenn man statt $|\chi_0\rangle$ eine Grundzustandswellenfunktion so ansetzt, daß bei der Berechnung von $\mathscr{E}_0$ mit derselben gemäß

$$\mathscr{E}_0 = \langle \Phi_0 | \tilde{\mathscr{H}} | \Phi_0 \rangle$$

wesentlich nur anziehende Matrixelemente der Wechselwirkung (6.4) eingehen.

Dies ist einer der Grundgedanken der mikroskopischen Theorie der Supraleitung von Bardeen, Cooper und Schrieffer (*BCS-Theorie*, 1957). Wir wollen ihn jedoch hier nicht zum Ausgangspunkt einer heuristischen Überlegung zur Konstruktion der „richtigen" Wellenfunktion des supraleitenden Zustandes machen, sondern einen etwas anderen Weg beschreiten.

Wir bemerken zunächst, daß wir es mit einem makroskopischen System zu tun haben mit einer sehr großen Anzahl von Freiheitsgraden. Die Zahl der Elektronen beträgt etwa 10^{23} pro cm^3, und gegenüber dem mittleren Abstand der Elektronen untereinander ist das Volumen des Systems praktisch unendlich. Sofern wir nicht gerade an speziellen Grenzflächeneffekten interessiert sind, können wir daher das System im sogenannten *thermodynamischen Limes* betrachten, indem wir das Volumen und die Teilchenzahl gegen Unendlich gehen lassen bei konstanter Teilchendichte:

$$\Omega \to \infty, \qquad N \to \infty, \qquad \lim_{\Omega\to\infty} \frac{N}{\Omega} = \text{const}.$$

Es wird uns daher genügen können, wenn wir für den Grundzustand $|\Phi_0\rangle$ des Supraleiters einen Zustand finden, der im thermodynamischen Limes Eigenzustand des Hamilton-Operators (6.3) ist. Dies ist in der Tat möglich, allerdings müssen wir dazu ein wenig weiter ausholen.

Wir schreiben zunächst den Hamilton-Operator (6.3) in der Form

$$\tilde{\mathscr{H}} = \sum_{\boldsymbol{k}s} \tilde{\varepsilon}(\boldsymbol{k})\, a^+_{\boldsymbol{k}s} a^+_{\boldsymbol{k}s} + \mathscr{H}_{\text{int}} + \mathscr{H}''_{\text{int}},$$

mit[1])

$$\mathscr{H}_{\text{int}} = \frac{1}{\Omega} \sum_{\boldsymbol{k}\boldsymbol{k}'} V(\boldsymbol{k}, \boldsymbol{k}')\, a^+_{-\boldsymbol{k}\downarrow} a^+_{\boldsymbol{k}\uparrow} a_{\boldsymbol{k}'\uparrow} a_{-\boldsymbol{k}'\downarrow},$$

$$\mathscr{H}''_{\text{int}} = \tilde{\mathscr{H}} - \left\{\sum_{\boldsymbol{k}s} \tilde{\varepsilon}(\boldsymbol{k})\, a^+_{\boldsymbol{k}s} a_{\boldsymbol{k}s} + \mathscr{H}_{\text{int}}\right\}$$

und

$$\frac{1}{\Omega} V(\boldsymbol{k}, \boldsymbol{k}') = \langle \boldsymbol{k}s, -\boldsymbol{k}s\,|V|\,\boldsymbol{k}'s, -\boldsymbol{k}' - s\rangle. \tag{6.5}$$

---

[1]) Wir meinen hier vorübergehend mit Ω nicht das Periodizitätsvolumen, sondern das endliche wirkliche Volumen des Systems.

Drücken wir in $\mathscr{H}_{\text{int}}$ die Operatoren $a_{\boldsymbol{k}s}$ und $a^+_{\boldsymbol{k}s}$ gemäß (5.20) durch die Feldoperatoren $\psi_s(\boldsymbol{r})$ und $\psi_s^+(\boldsymbol{r})$ aus, so erhalten wir

$$\mathscr{H}_{\text{int}} = \frac{1}{\Omega} \int \mathrm{d}^3\boldsymbol{r}_1\, \mathrm{d}^3\boldsymbol{r}_2\, \mathrm{d}^3\boldsymbol{r}_1'\, \mathrm{d}^3\boldsymbol{r}_2'\, V(\boldsymbol{r}_1', \boldsymbol{r}_2')\, \psi_\downarrow^+(\boldsymbol{r}_1) \times \psi_\uparrow^+(\boldsymbol{r}_1 + \boldsymbol{r}_1')\, \psi_\uparrow(\boldsymbol{r}_2 + \boldsymbol{r}_2')\, \psi_\downarrow(\boldsymbol{r}_2). \tag{6.6}$$

Darin ist

$$V(\boldsymbol{r}_1', \boldsymbol{r}_2') = \frac{1}{\Omega^2} \sum_{\boldsymbol{k}_1\boldsymbol{k}_2} V(\boldsymbol{k}_1, \boldsymbol{k}_2)\, \mathrm{e}^{i\boldsymbol{k}_1\boldsymbol{r}_1' - \boldsymbol{k}_2\boldsymbol{r}_2'}.$$

Die Integrationen in (6.6) verlaufen über das zunächst endliche Volumen Ω.

Nun bilden wir

$$[\mathscr{H}_{\text{int}}, \psi_\uparrow(\boldsymbol{r})] = \int \mathrm{d}^3\boldsymbol{r}_1'\, \mathrm{d}^3\boldsymbol{r}_2'\, V(\boldsymbol{r}_1', \boldsymbol{r}_2')\, \psi_\downarrow^+(\boldsymbol{r} - \boldsymbol{r}_1') \times \frac{1}{\Omega} \int \mathrm{d}^3\boldsymbol{r}_2\, \psi_\uparrow(\boldsymbol{r}_2 + \boldsymbol{r}_2')\, \psi_\downarrow(\boldsymbol{r}_2). \tag{6.7}$$

Zufolge (6.4) verschwindet nun $V(\boldsymbol{r}_1', \boldsymbol{r}_2')$ sowohl für $|\boldsymbol{r}_1'| \to \infty$ als auch für $|\boldsymbol{r}_2'| \to \infty$ so stark, daß die Matrixelemente des Operators

$$\mathscr{V}_\Omega(\boldsymbol{r}, \boldsymbol{r}_2') = \int \mathrm{d}^3\boldsymbol{r}_1'\, V(\boldsymbol{r}_1', \boldsymbol{r}_2')\, \psi_\downarrow^+(\boldsymbol{r} - \boldsymbol{r}_1')$$

für jedes endliche Volumen gewisse Funktionen $F(\boldsymbol{r}, \boldsymbol{r}_2')$ sind, die ihrerseits für $|\boldsymbol{r}| \to \infty$ und für $|\boldsymbol{r}_2'| \to \infty$ so stark verschwinden, daß die Matrixelemente der Operatoren

$$\mathscr{V}_\Omega(\boldsymbol{r}) = \int \mathrm{d}^3\boldsymbol{r}_2'\, F(\boldsymbol{r}, \boldsymbol{r}_2')\, \frac{1}{\Omega} \int \mathrm{d}^3\boldsymbol{r}_2\, \psi_\uparrow(\boldsymbol{r}_2 + \boldsymbol{r}_2')\, \psi_\downarrow(\boldsymbol{r}_2) \tag{6.8}$$

für jedes Volumen endlich bleiben. Diese bestimmen ihrerseits die Matrixelemente des Kommutators (6.7).

Wir zeigen nun, daß im Limes $\Omega \to \infty$ die Operatoren $\mathscr{V}_\Omega(\boldsymbol{r})$ Vielfache des Einheitsoperators sind. Dies ist gleichbedeutend damit, daß im Limes $\Omega \to \infty$ die Operatoren $\mathscr{V}_\Omega(\boldsymbol{r})$ mit den Feldoperatoren $\psi_s(\boldsymbol{r})$ und $\psi_s^+(\boldsymbol{r})$ kommutieren:[1])

$$\lim_{\Omega\to\infty} [\mathscr{V}_\Omega(\boldsymbol{r}), \psi_s(\boldsymbol{r}')] = 0, \tag{6.9a}$$

$$\lim_{\Omega\to\infty} [\mathscr{V}_\Omega(\boldsymbol{r}), \psi_s^+(\boldsymbol{r})] = 0. \tag{6.9b}$$

Aus der Definition (6.8) von $\mathscr{V}_\Omega(\boldsymbol{r})$ folgt sofort (6.9a). Zur Verifikation von (6.9b) bilden wir

$$[\mathscr{V}_\Omega(\boldsymbol{r}), \psi_\downarrow^+(\boldsymbol{r}')] = \frac{1}{\Omega} \int \mathrm{d}^3\boldsymbol{r}_2' F(\boldsymbol{r}, \boldsymbol{r}_2' - \boldsymbol{r}')\, \psi_\uparrow(\boldsymbol{r}_2').$$

Auf Grund der Eigenschaften der Funktion $F(\boldsymbol{r}, \boldsymbol{r}_2' - \boldsymbol{r}')$ bleiben die Matrixelemente dieses Kommutators für jedes Ω endlich, so daß sie mit $\Omega \to \infty$ sogar verschwinden.

Aus dieser Eigenschaft der Operatoren $\mathscr{V}_\Omega(\boldsymbol{r})$, für $\Omega \to \infty$ in c-Zahl-Funktionen überzugehen, folgt nun, daß wir für den Kommutator (6.7) schreiben können im Limes $\Omega \to \infty$:

$$[\mathscr{H}_{\text{int}}, \psi_\uparrow(\boldsymbol{r})] = \int \mathrm{d}^3\boldsymbol{r}' \Delta(\boldsymbol{r}')\, \psi_\downarrow^+(\boldsymbol{r} - \boldsymbol{r}').$$

Entsprechend finden wir für die andere Spinrichtung

$$[\mathscr{H}_{\text{int}}, \psi_\downarrow(\boldsymbol{r})] = -\int \mathrm{d}^3\boldsymbol{r}' \Delta(\boldsymbol{r}')\, \psi_\uparrow^+(\boldsymbol{r} + \boldsymbol{r}'),$$

worin $\Delta(\boldsymbol{r})$ eine c-Zahl-Funktion ist. Beide Relationen besagen zusammen, daß wir im Limes $\Omega \to \infty$ den Wechselwirkungsoperator (6.6) mit einer additiven Konstante K ersetzen können durch

$$\mathscr{H}'_{\text{int}} = \int \mathrm{d}^3\boldsymbol{r}\, \mathrm{d}^3\boldsymbol{r}' \{\Delta((\boldsymbol{r}')\, \psi_\downarrow^+(\boldsymbol{r})\, \psi_\uparrow^+(\boldsymbol{r} + \boldsymbol{r}') + \Delta^*(\boldsymbol{r}')\, \psi_\uparrow(\boldsymbol{r} + \boldsymbol{r}')\, \psi_\downarrow(\boldsymbol{r}')\} + K \tag{6.10}$$

bzw. in der Darstellung durch die Operatoren $a_{\boldsymbol{k}s}$ und $a_{\boldsymbol{k}s}^+$:[2])

$$\mathscr{H}'_{\text{int}} = \sum_{\boldsymbol{k}} \{\Delta(\boldsymbol{k})\, a_{-\boldsymbol{k}\downarrow}^+ a_{\boldsymbol{k}\uparrow}^+ + \Delta^*(\boldsymbol{k})\, a_{\boldsymbol{k}\uparrow} a_{-\boldsymbol{k}\downarrow}\} + K$$

mit

$$\Delta(\boldsymbol{k}) = \int \mathrm{d}^3\boldsymbol{r} \Delta(\boldsymbol{r})\, \mathrm{e}^{-i\boldsymbol{k}\boldsymbol{r}}.$$

---

[1]) Bezüglich einer mathematisch strengeren Argumentation vergleiche R. HAAG Nuovo Cimento **25**, 287 (1962).

[2]) Nun bedeutet Ω wieder das Periodizitätsvolumen des unendlichen Systems.

Damit schreiben wir den Hamilton-Operator (6.3) nunmehr in der Form[1])

$$\tilde{\mathscr{H}} = \sum_{ks} \tilde{\varepsilon}(k)\, a^+_{ks} a_{ks} + \sum_{k} \{\Delta(k)\, a^+_{-k\downarrow} a^+_{k\uparrow} + \Delta^*(k)\, a_{k\uparrow} a_{k\downarrow}\}$$

$$+ K + \mathscr{H}''_{\text{int}} \tag{6.11}$$

mit

$$\mathscr{H}''_{\text{int}} = \frac{1}{2} \sum_{\boldsymbol{q}} \sum_{\substack{\boldsymbol{k}' \neq -\boldsymbol{k} \\ s' \neq -s}} \langle \boldsymbol{k} - \boldsymbol{q}s, \boldsymbol{k}' + \boldsymbol{q}s' \,|V|\, \boldsymbol{k}s, \boldsymbol{k}'s' \rangle$$

$$\times\, a^+_{\boldsymbol{k}'+\boldsymbol{q}s'}\, a^+_{\boldsymbol{k}-\boldsymbol{q}s} a_{\boldsymbol{k}s} a_{\boldsymbol{k}'s'}\,. \tag{6.12}$$

Mit der durch $\mathscr{H}''_{\text{int}}$ ausgedrückten Wechselwirkung zwischen den Elektronen können wir nun wieder genau so verfahren, wie seinerzeit (vgl. Abschnitt 5.2.) im Zusammenhang mit der Coulomb-Wechselwirkung im Hamilton-Operator (5.8) des Elektronengases angedeutet. Wir behandeln sie in der Hartree-Fock-Näherung, in der wir sie in entsprechender Weise durch eine Modifikation der Energieparameter $\tilde{\varepsilon}(\boldsymbol{k})$ erfassen. Bezeichnen wir die neuen Energieparameter mit $\hat{\varepsilon}(\boldsymbol{k})$, so lautet der Hamilton-Operator, den wir fortan unseren Betrachtungen zugrunde legen wollen, nunmehr

$$\boxed{\begin{aligned}\hat{\mathscr{H}} = \sum_{\boldsymbol{k}s} \hat{\varepsilon}(\boldsymbol{k})\, a^+_{\boldsymbol{k}s} a_{\boldsymbol{k}s} + \sum_{\boldsymbol{k}} \{\Delta(\boldsymbol{k})\, a^+_{-\boldsymbol{k}\downarrow} a^+_{\boldsymbol{k}\uparrow} \\ + \Delta^*(\boldsymbol{k})\, a_{\boldsymbol{k}\uparrow} a_{-\boldsymbol{k}\downarrow}\} + K\,.\end{aligned}} \tag{6.13}$$

[1]) Die Aussonderung des Terms mit $\boldsymbol{k}' = -\boldsymbol{k}$ und antiparallelen Spins bei dieser Behandlung der Wechselwirkung in (6.3) (vgl. auch (6.6)) erscheint und ist auch tatsächlich willkürlich. Diese Willkür findet ihren Ausdruck letzten Endes darin, daß erst durch die makroskopischen Randbedingungen der GINSBURG-LANDAU-Theorie für die dort auftretende „Wellenfunktion" $\Psi(\boldsymbol{r}, t)$ (vgl. (4.4) bis (4.8)) der supraleitende Zustand bestimmt wird. Im Kontext der weiteren Bearbeitung von (6.13) bedeutet die Auswahl des Terms mit $\boldsymbol{k} = -\boldsymbol{k}'$ antiparallelen Spins die Betrachtung eines stromlosen und magnetfeldfreien supraleitenden Zustands, wie im Abschnitt 6.4. erkennbar wird. Näher kann auf diese Zusammenhänge in diesem Rahmen nicht eingegangen werden.

Beim Übergang vom Hamilton-Operator (6.3) zu (6.13) durch Ausführung des thermodynamischen Grenzüberganges ist die Teilchenzahlerhaltung verloren gegangen. Während mit (6.3) für den Teilchenzahloperator

$$N = \sum_{\boldsymbol{k}s} a^+_{\boldsymbol{k}s} a_{\boldsymbol{k}s}$$

die Vertauschungsregel

$$[\tilde{\mathcal{H}}, N] = 0$$

gilt, ergibt sich gemäß (6.13)

$$[\hat{\mathcal{H}}, N] = 2 \sum_{\boldsymbol{k}} \{\Delta(\boldsymbol{k})\, a^+_{-\boldsymbol{k}\downarrow} a^+_{\boldsymbol{k}\uparrow} + \Delta^*(k)\, a_{\boldsymbol{k}\uparrow} a_{\boldsymbol{k}\downarrow}\}. \tag{6.14}$$

Es hat ja auch im thermodynamischen Limes keinen Sinn mehr, von einer bestimmten Teilchenzahl im System zu sprechen, einzig der Erwartungswert $\langle N \rangle$ der Teilchenzahl in einem endlichen Teilvolumen Ω des Systems ist noch eine sinnvolle Größe. Wir tragen diesem Umstand dadurch formal Rechnung, daß wir in den Hamilton-Operator (6.10) das chemische Potential μ der Elektronen einführen, indem wir zu

$$\boxed{\begin{aligned}\hat{\mathcal{K}} = \sum_{\boldsymbol{k}s} \{\hat{\varepsilon}(k) - \mu\}\, a^+_{\boldsymbol{k}s} a_{\boldsymbol{k}s} + \sum_{\boldsymbol{k}} \{\Delta(\boldsymbol{k})\, a^+_{-\boldsymbol{k}\downarrow} a^+_{\boldsymbol{k}\uparrow} \\ + \Delta^*(\boldsymbol{k})\, a_{\boldsymbol{k}\uparrow} a_{-\boldsymbol{k}\downarrow}\} + K\end{aligned}} \tag{6.15}$$

übergehen und das chemische Potential später durch die Forderung fixieren, der Erwartungswert der Teilchendichte $\frac{\langle N \rangle}{\Omega}$ möge einen vorgegebenen Wert haben:

$$\frac{\langle N \rangle}{\Omega} \doteq n_e.$$

Die Diagonalisierung des Operators (6.15) geschieht nun mittels der sogenannten *Bogoljubow-Transformation*, durch die wir von den Fermionen-Operatoren a_{ks}^+, a_{ks} zu neuen Fermionenoperatoren α_k, α_k^+ sowie β_k, β_k^+ übergehen nach der Vorschrift

$$\left.\begin{aligned}\alpha_k &= u_k a_{k\uparrow} - v_k a_{-k\downarrow}^+,\\ \beta_k &= u_k a_{-k\downarrow} + v_k a_{k\uparrow}^+.\end{aligned}\right\} \tag{6.16a}$$

Darin sind u_k und v_k vorläufig unbestimmte Parameter, die jedoch der Bedingung

$$|u_k|^2 + |v_k|^2 = 1 \tag{6.17}$$

genügen müssen, damit die Operatoren (6.16) die Vertauschungsrelationen

$$\begin{aligned}&[\alpha_k, \alpha_{k'}^+]_+ = [\beta_k, \beta_{k'}^+]_+ = \delta_{kk'},\\ &[\alpha_k, \alpha_{k'}]_+ = [\beta_k, \beta_{k'}]_+ = 0,\\ &[\alpha_k, \beta_{k'}^+]_+ = [\alpha_k, \beta_{k'}] = 0\end{aligned} \tag{6.18}$$

erfüllen.

Lösen wir (6.16a) nach den neuen Operatoren auf, so finden wir

$$\left.\begin{aligned}a_{k\uparrow} &= u_k^* \alpha_k + v_k \beta_k^+,\\ a_{-k\downarrow} &= u_k^* \beta_k - v_k \alpha_k^+.\end{aligned}\right\} \tag{6.16b}$$

Damit gehen wir in (6.15) ein und benutzen (6.18). Dann folgt mit

$$\xi(\boldsymbol{k}) = \varepsilon(\boldsymbol{k}) - \mu$$

für den transformierten Operator $\mathscr{K}$

$$\begin{aligned}\hat{\mathscr{K}} = &\sum_k \{2\xi(\boldsymbol{k})\,|v_k|^2 - \Delta(\boldsymbol{k})\,u_k v_k^* - \Delta^*(\boldsymbol{k})\,u_k^* v_k\} + K\\ &+ \sum_k \{\xi(\boldsymbol{k})\,(|u_k|^2 - |v_k|^2) + \Delta(\boldsymbol{k})\,u_k v_k^*\\ &+ \Delta^*(\boldsymbol{k})\,u_k^* v_k\}\,\{\alpha_k^+\alpha_k + \beta_k^+\beta_k\} + \text{(Forts. umseitig)}\end{aligned}$$

$$+ \sum_{\boldsymbol{k}} \{2\hat{\xi}(\boldsymbol{k})\, u_{\boldsymbol{k}} v_{\boldsymbol{k}} - \Delta(\boldsymbol{k})\, u_{\boldsymbol{k}}^2 + \Delta^*(\boldsymbol{k})\, v_{\boldsymbol{k}}^2\}\, \alpha_{\boldsymbol{k}}^+ \beta_{\boldsymbol{k}}^+$$

$$+ \sum_{\boldsymbol{k}} \{2\hat{\xi}(\boldsymbol{k})\, u_{\boldsymbol{k}}^* v_{\boldsymbol{k}}^* - \Delta^*(\boldsymbol{k})\, u_{\boldsymbol{k}}^{*2} + \Delta(\boldsymbol{k})\, v_{\boldsymbol{k}}^{*2}\}\, \beta_{\boldsymbol{k}} \alpha_{\boldsymbol{k}}. \tag{6.19}$$

Wir bringen die letzten beiden Summen von (6.19) zum Verschwinden, indem wir $u_{\boldsymbol{k}}$ und $v_{\boldsymbol{k}}$ so bestimmen, daß die Koeffizienten der Operatoren $\alpha_{\boldsymbol{k}}^+ \beta_{\boldsymbol{k}}^+$ und $\beta_{\boldsymbol{k}} \alpha_{\boldsymbol{k}}$ Null werden. Wir verlangen also

$$2\hat{\xi}(\boldsymbol{k})\, u_{\boldsymbol{k}} v_{\boldsymbol{k}} - \Delta(\boldsymbol{k})\, u_{\boldsymbol{k}}^2 + \Delta^*(\boldsymbol{k})\, v_{\boldsymbol{k}}^2 = 0. \tag{6.20}$$

Mit (6.17) folgt daraus

$$|u_{\boldsymbol{k}}|^2 = \frac{1}{2} \left\{ 1 + \frac{\hat{\xi}(\boldsymbol{k})}{\sqrt{\hat{\xi}^2(\boldsymbol{k}) + |\Delta(\boldsymbol{k})|^2}} \right\},$$

$$|v_{\boldsymbol{k}}|^2 = \frac{1}{2} \left\{ 1 - \frac{\hat{\xi}(\boldsymbol{k})}{\sqrt{\hat{\xi}^2(\boldsymbol{k}) + |\Delta(\boldsymbol{k})|^2}} \right\}, \tag{6.21}$$

Da durch die Bedingung (6.17) und (6.20) die Phasen von $u_{\boldsymbol{k}}$ und $v_{\boldsymbol{k}}$ nicht bestimmt werden, wählen wir sie gemäß

$$\arg u_{\boldsymbol{k}} = 0, \qquad \arg v_{\boldsymbol{k}} = \arg \Delta(\boldsymbol{k}).$$

Damit ist schon die Diagonalisierung des Operators $\hat{\mathscr{H}}$ in der Form (6.19) geleistet. Er hat jetzt die Gestalt

$$\hat{\mathscr{H}} = \Omega(\mu, 0) + \sum_{\boldsymbol{k}} \xi(\boldsymbol{k})\, \{\alpha_{\boldsymbol{k}}^+ \alpha_{\boldsymbol{k}} + \beta_{\boldsymbol{k}}^+ \beta_{\boldsymbol{k}}\}. \tag{6.22}$$

Darin ist

$$\xi(\boldsymbol{k}) = \hat{\xi}(\boldsymbol{k})\, \{u_{\boldsymbol{k}}^2 - |v_{\boldsymbol{k}}|^2\} + \Delta(\boldsymbol{k})\, u_{\boldsymbol{k}} v_{\boldsymbol{k}}^* + \Delta^*(\boldsymbol{k})\, u_{\boldsymbol{k}} v_{\boldsymbol{k}} \tag{6.23}$$

und $\Omega(\mu, 0)$ der zum Vakuumzustand $|\hat{0}\rangle$ der Operatoren $\alpha_{\boldsymbol{k}}$ und $\beta_{\boldsymbol{k}}$ gehörige Eigenwert von $\hat{\mathscr{H}}$, welcher die Bedeutung des großkanonischen thermodynamischen Potentials $\Omega(\mu, T)$ für $T = 0$ hat:

$$\Omega(\mu, 0) = \sum_{\boldsymbol{k}} \{2\xi(\boldsymbol{k})\, |v_{\boldsymbol{k}}|^2 - \Delta(\boldsymbol{k})\, u_{\boldsymbol{k}} v_{\boldsymbol{k}}^* - \Delta^* u_{\boldsymbol{k}}(\boldsymbol{k}) v_{\boldsymbol{k}}\} + K. \tag{6.24}$$

Unsere Resultate sind unvollständig, solange wir die Funktion $\Delta(\boldsymbol{k})$ noch nicht bestimmt haben. Diese Bestimmung holen wir jetzt nach und erinnern uns dazu daran, daß $\Delta(\boldsymbol{k})$ die Fourier-Transformierte der Funktion $\Delta(\boldsymbol{r})$ ist, in die im Wechselwirkungsoperator (6.6) der Operator

$$\frac{1}{\Omega} \int \mathrm{d}^3\boldsymbol{r}_2\, \mathrm{d}^3\boldsymbol{r}_2'\, V(\boldsymbol{r}, \boldsymbol{r}_2')\, \psi_\uparrow(\boldsymbol{r}_2 + \boldsymbol{r}_2')\, \psi_\downarrow(\boldsymbol{r}_2)$$

im thermodynamischen Limes übergeht (vgl. (6.6) und (6.10)). In diesem Limes ist also

$$\Delta(\boldsymbol{r}) = \lim_{\Omega \to \infty} \frac{1}{\Omega} \int \mathrm{d}^3\boldsymbol{r}_2\, \mathrm{d}^3\boldsymbol{r}_2'\, V(\boldsymbol{r}, \boldsymbol{r}_2')\, \psi_\uparrow(\boldsymbol{r}_2 + \boldsymbol{r}_2')\, \psi_\downarrow(\boldsymbol{r}_2) \tag{6.25a}$$

und daher

$$\Delta(\boldsymbol{k}) = \lim_{\Omega \to \infty} \frac{1}{\Omega} \sum_{\boldsymbol{k}'} V(\boldsymbol{k}, \boldsymbol{k}')\, a_{\boldsymbol{k}'\uparrow} a_{-\boldsymbol{k}'\downarrow}. \tag{6.25b}$$

Da $\Delta(\boldsymbol{k})$ im thermodynamischen Limes eine c-Zahl ist, ist diese Größe insbesondere gleich dem Erwartungswert von (6.25b) mit dem Vakuumzustand $|\hat{0}\rangle$. Mit (6.16b) finden wir

$$\langle \hat{0}\, |\Delta(\boldsymbol{k})|\, \hat{0} \rangle \equiv \Delta(\boldsymbol{k}) = -\frac{1}{\Omega} \sum_{\boldsymbol{k}'} V(\boldsymbol{k}, \boldsymbol{k}')\, u_{\boldsymbol{k}'}, v_{\boldsymbol{k}'}. \tag{6.26}$$

Aus (6.21) folgt andererseits mit $\arg v_{\boldsymbol{k}} = \arg \Delta(\boldsymbol{k})$

$$u_{\boldsymbol{k}} v_{\boldsymbol{k}} = \frac{1}{2} \frac{\Delta(\boldsymbol{k})}{\sqrt{\xi^2(\boldsymbol{k}) + |\Delta(\boldsymbol{k})|^2}}. \tag{6.27}$$

Vereinigen wir dies mit (6.26), so folgt für $\Delta(\boldsymbol{k})$ die Integralgleichung

$$\Delta(\boldsymbol{k}) + \frac{1}{2\Omega} \sum_{\boldsymbol{k}'} V(\boldsymbol{k}, \boldsymbol{k}') \frac{\Delta(\boldsymbol{k}')}{\sqrt{\xi^2(\boldsymbol{k}') + |\Delta(\boldsymbol{k}')|^2}} = 0. \tag{6.28}$$

Durch die Gleichung ist die komplexe Funktion $\Delta(\boldsymbol{k})$ bis auf ihre Phase, welche $\boldsymbol{k}$-unabhängig sein muß, bestimmt:

$$\Delta(\boldsymbol{k}) = |\Delta(\boldsymbol{k})| \cdot e^{i\varphi}. \tag{6.29}$$

Wir können ohne Einschränkung der Allgemeinheit $u_{\boldsymbol{k}}$ reell wählen, dann ist nach (6.27)

$$v_{\boldsymbol{k}} = |v_{\boldsymbol{k}}|\, e^{i\varphi}. \tag{6.30}$$

Mit (6.17), (6.21), (6.29) und der Integralgleichung (6.28) haben wir ein geschlossenes Gleichungssystem zur vollständigen Bestimmung aller Parameter, welche in (6.19) eingehen, in der Hand, und seine Lösung liefert uns die Diagonalisierung des Operators (6.19) und damit seinen Grundzustand und die angeregten Zustände.

Für die Grundzustandsenergie von $\hat{\mathscr{H}}$, also genauer für das thermodynamische Potential $\Omega(\mu, 0)$, finden wir mit (6.17) nach (6.24)

$$\Omega(\mu, 0) = K + 2 \sum_{\boldsymbol{k}} \left\{ \xi(\boldsymbol{k})\, |v_{\boldsymbol{k}}|^2 - \frac{1}{2} \frac{|\Delta(\boldsymbol{k})|^2}{\sqrt{\xi^2(\boldsymbol{k}) + |\Delta(\boldsymbol{k})|^2}} \right\}. \tag{6.31}$$

Die Energie, welche der Anregung eines durch $\alpha_{\boldsymbol{k}}^+$ oder $\beta_{\boldsymbol{k}}^+$ charakterisierten Teilchens entspricht, ergibt sich nach (6.23) mit (6.21) zu

$$\varepsilon(\boldsymbol{k}) = \sqrt{\xi^2(\boldsymbol{k}) + |\Delta(\boldsymbol{k})|^2}. \tag{6.32}$$

Der Grundzustand $|\Phi_0\rangle$ des Operators (6.22) ist das Vakuum $|\hat{0}\rangle$ der Operatoren $\alpha_{\boldsymbol{k}}$ und $\beta_{\boldsymbol{k}}$, welches nach Definition die Bedingungen

$$\alpha_{\boldsymbol{k}}\,|\hat{0}\rangle = \beta_{\boldsymbol{k}}\,|\hat{0}\rangle = 0 \qquad \text{für alle } \boldsymbol{k} \tag{6.33}$$

erfüllt. Mit (6.16a) bedeutet das

$$\left.\begin{aligned} u_{\boldsymbol{k}} a_{\boldsymbol{k}\uparrow}\,|\hat{0}\rangle - v_{\boldsymbol{k}} a^{+}_{-\boldsymbol{k}\downarrow}\,|\hat{0}\rangle &= 0, \\ u_{\boldsymbol{k}} a_{-\boldsymbol{k}\downarrow}\,|\hat{0}\rangle + v_{\boldsymbol{k}} a^{+}_{\boldsymbol{k}\uparrow}\,|\hat{0}\rangle &= 0 \end{aligned}\right\} \text{ für alle } \boldsymbol{k}. \tag{6.34}$$

Eine Lösung dieses Gleichungssystems für spezielles $\boldsymbol{k}$ ist offenbar

$$|\hat{0}_{\boldsymbol{k}}\rangle = \{u_{\boldsymbol{k}} + v_{\boldsymbol{k}} a^{+}_{\boldsymbol{k}\uparrow} a^{+}_{-\boldsymbol{k}\downarrow}\}\,|0\rangle .$$

Daraus ergibt sich für das Vakuum $|\hat{0}\rangle$, welches (6.34) und daher (6.33) für alle $\boldsymbol{k}$ erfüllt,

$$|\hat{0}\rangle = \prod_{\boldsymbol{k}} |\hat{0}_{\boldsymbol{k}}\rangle$$

und also

$$|\Phi_0\rangle = |\hat{0}\rangle = \prod_{\boldsymbol{k}} \{u_{\boldsymbol{k}} + v_{\boldsymbol{k}} a^{+}_{\boldsymbol{k}\uparrow} a^{+}_{-\boldsymbol{k}\downarrow}\}\,|0\rangle. \tag{6.35}$$

Dies ist der Grundzustand eines unendlichen Supraleiters nach der BCS-Theorie. Er ist im thermodynamischen Limes der exakte Grundzustand des sogenannten *reduzierten Hamilton-Operators*

$$\begin{aligned} \mathscr{H}_{\text{red}} = {} & \sum_{\boldsymbol{k}s} \{\hat{\varepsilon}(\boldsymbol{k}) - \mu\}\, a^{+}_{\boldsymbol{k}s} a_{\boldsymbol{k}s} \\ & + \frac{1}{\Omega} \sum_{\boldsymbol{k}\boldsymbol{k}'} V(\boldsymbol{k}, \boldsymbol{k}')\, a^{+}_{-\boldsymbol{k}\downarrow} a^{+}_{\boldsymbol{k}\uparrow} a_{\boldsymbol{k}'\uparrow} a_{-\boldsymbol{k}'\downarrow} \end{aligned} \tag{6.36}$$

für das Modell eines Supraleiters nach der BCS-Theorie.

Die Integralgleichung (6.28) für die Funktion $\Delta(\boldsymbol{k})$ hat selbstverständlich die triviale Lösung $\Delta(\boldsymbol{k}) = 0$. Ihr entspricht nach (6.21)

$$|u_{\boldsymbol{k}}| = \theta(k - k_{\mathrm{F}}),\ |v_{\boldsymbol{k}}| = \theta(k_{\mathrm{F}} - k), \tag{6.37}$$

und (6.35) geht in den Grundzustand des normalen Fermi-Gases über:

$$|\Phi_0\rangle = \prod_{k<k_{\mathrm{F}}} a^+_{\boldsymbol{k}\uparrow} a^+_{-\boldsymbol{k}\downarrow} |0\rangle . \tag{6.38}$$

Wir müssen nun untersuchen, ob die Gleichung (6.28) eine nichttriviale Lösung besitzt und, wenn dies zutrifft, sich für das großkanonische Potential (6.31) ein geringerer Wert als für das durch (6.38) charakterisierte normale Elektronengas gleicher Dichte ergibt. Da sich (6.28) nicht allgemein lösen läßt, vereinfachen wir das Potential $V(\boldsymbol{k}, \boldsymbol{k}')$ (vgl. (6.5) und (6.4)) folgendermaßen:

$$V(\boldsymbol{k}, \boldsymbol{k}') = -\gamma^2 \theta(\hbar\omega_D - |\xi(\boldsymbol{k})|)\, \theta\big(\hbar\omega_D - |\xi(\boldsymbol{k}')|\big). \tag{6.39}$$

Mit dieser vereinfachten Form des Wechselwirkungsterms definiert der Hamilton-Operator (6.36) das *BCS-Modell des idealen Supraleiters.* Gehen wir mit (6.39) in (6.31) ein, so finden wir sofort die Lösung

$$\Delta(\boldsymbol{k}) = \Delta\theta\big(\hbar\omega_D - |\xi(\boldsymbol{k})|\big), \tag{6.40}$$

wobei Δ aus der Gleichung

$$\frac{\gamma^2}{2\Omega} \sum_{\boldsymbol{k}} \frac{\theta\big(\hbar\omega_D - |\xi(\boldsymbol{k})|\big)}{\sqrt{\xi^2(\boldsymbol{k}) + |\Delta|^2}} = 1 \tag{6.41}$$

zu bestimmen ist. Da $\hbar\omega_{\mathrm{D}} \ll \mu$ ist, können wir in (6.41) die Ersetzung

$$\frac{1}{\Omega} \sum_{\boldsymbol{k}} \cdots \to \int \frac{\mathrm{d}^3\boldsymbol{k}}{8\pi^3} \to \mathcal{N}_0(E_{\mathrm{F}}) \int \mathrm{d}\xi$$

vornehmen, wobei

$$\mathcal{N}_0(\hat{\varepsilon}) = \int \frac{d^3\boldsymbol{k}}{8\pi^3}\, \delta\big(\hat{\varepsilon}(\boldsymbol{k}) - \hat{\varepsilon}\big)$$

die Zustandsdichte im normalen System für Elektronen gleicher Spins ist. Dann geht (6.41) über in

$$1 = \frac{\gamma^2}{2} \mathcal{N}_0(E_F) \int\limits_{-\hbar\omega_D}^{\hbar\omega_D} \frac{d\hat{\xi}}{\sqrt{\hat{\xi}^2 + |\Delta|^2}} \approx \gamma^2 \mathcal{N}_0(E_F) \log \frac{2\hbar\omega_D}{|\Delta|} \tag{6.42}$$

für $|\Delta| \ll \hbar\omega_D$, und daraus ergibt sich

$$\boxed{|\Delta| = 2\hbar\omega_D \exp\left\{-\frac{1}{\gamma^2 \mathcal{N}_0(E_F)}\right\}.} \tag{6.43}$$

Für typische Metalle ist $\mathcal{N}_0(E_F)\,\gamma^2 \approx 0{,}2 - 0{,}3$, so daß tatsächlich $|\Delta| \ll \hbar\omega_D$ gilt.

Für $|u_{\boldsymbol{k}}|^2$ und $|v_{\boldsymbol{k}}|^2$ erhalten wir mit (6.21) und (6.40)

$$|u_{\boldsymbol{k}}|^2 = \frac{1}{2}\left\{1 + \frac{\hat{\xi}(\boldsymbol{k})}{\sqrt{\hat{\xi}^2(\boldsymbol{k}) + |\Delta|^2\, \theta(\hbar\omega_D - |\hat{\xi}(\boldsymbol{k})|)}}\right\}, \tag{6.43a}$$

$$|v_{\boldsymbol{k}}|^2 = \frac{1}{2}\left\{1 - \frac{\hat{\xi}(\boldsymbol{k})}{\sqrt{\hat{\xi}^2(\boldsymbol{k}) + |\Delta|^2\, \theta(\hbar\omega_D - |\hat{\xi}(\boldsymbol{k})|)}}\right\}. \tag{6.43b}$$

In Abbildung 16 haben wir qualitativ die Funktionen $|u_{\boldsymbol{k}}|$, $|v_{\boldsymbol{k}}|$ sowie $|u_{\boldsymbol{k}} v_{\boldsymbol{k}}|$ dargestellt. Aus ihr lesen wir ab, daß die Funktionen $|u_{\boldsymbol{k}}|$, $|v_{\boldsymbol{k}}|$ und $|u_{\boldsymbol{k}} v_{\boldsymbol{k}}|$ sich gerade so verhalten, daß in dem Zustand (6.35) des Operators (6.36) diejenigen Matrixelemente der Wechselwirkung eine dominierende Rolle spielen, die wir durch (6.39) approximieren konnten und die eine anziehende Wechselwirkung im Bereich einer Schale der Fermi-Kugel von der Dicke $\hbar\omega_D$ beschreiben

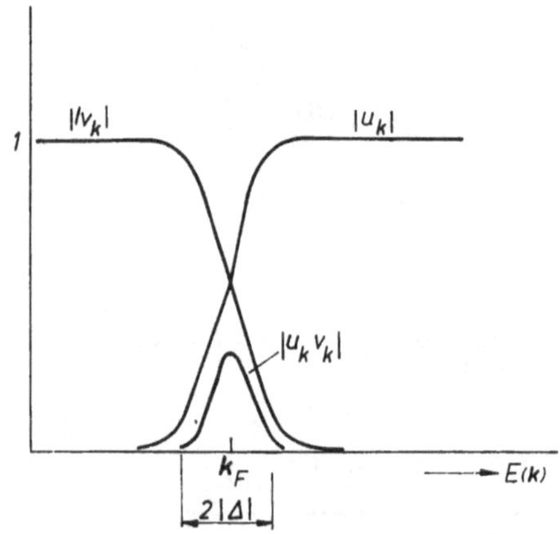

Abb. 16. Die Funktionen $|v_{\boldsymbol{k}}|$, $|u_{\boldsymbol{k}}|$ und $|u_{\boldsymbol{k}} v_{\boldsymbol{k}}|$

Nun müssen wir untersuchen, ob der Zustand (6.35) tatsächlich zu einem tieferen Wert der Grundzustandsenergie führt als der Normalzustand (6.38) bei gleicher Teilchenzahl. Wir schreiben die Differenz der Grundzustandsenergien für den normalen und den supraleitenden Zustand in der Form

$$\delta\mathscr{E}_0 = \mathscr{E}_0{}^{(s)} - \delta\mathscr{E}_0{}^{(n)} = \Omega^{(s)}(\mu_s, 0) - \Omega^{(n)}(\mu_n, 0) + (\mu_s - \mu_n)\langle N\rangle . \qquad (6.44)$$

Dabei nehmen wir an, daß sich die Quasiteilchenenergien $\xi(\boldsymbol{k})$ im supraleitenden Zustand nicht von denen im Normalzustand unterscheiden.

Nun betrachten wir zunächst die Änderung der Teilchenzahl $\delta\langle N\rangle = \delta\langle N\rangle^{(s)} - \delta\langle N\rangle^{(n)}$, welche bei festgehaltenem chemischem Potential μ beim Übergang in den supraleitenden Zustand eintritt. Mit (6.35) finden wir

$$\delta\langle N\rangle = 2\sum_{\boldsymbol{k}} \{|v_{\boldsymbol{k}}|^{2(s)} - |v_{\boldsymbol{k}}|^{2(n)}\}$$

und mit (6.43b) und (6.40)

$$\delta\langle N\rangle = \frac{\Omega}{8\pi^3}\int \mathrm{d}^3\boldsymbol{k}\,\xi(\boldsymbol{k})\left\{|\xi(\boldsymbol{k})|^{-1} - \{\xi^2(\boldsymbol{k}) + |\Delta(\boldsymbol{k})|^2\}^{-1/2}\right\}$$

$$\approx \Omega\mathcal{N}_0(E_{\mathrm{F}})\int\limits_{-\hbar\omega_{\mathrm{D}}}^{\hbar\omega_{\mathrm{D}}} \mathrm{d}\xi\,\xi\left\{|\xi|^{-1} - \{\xi^2 + |\Delta|^2\}^{-1/2}\right\} = 0.$$

In unserer Näherung verschwindet also $\delta\langle N\rangle$. Es genügt daher, daß wir uns in (6.44) auf die in $\delta\mu = \mu_{\mathrm{s}} - \mu_{\mathrm{n}}$ linearen Terme beschränken. Wegen der allgemeinen thermodynamischen Relation

$$\langle N\rangle = \left(\frac{\partial\Omega(\mu, T)}{\mu}\right)_T$$

geben diese keinen Beitrag, so daß

$$\delta\mathscr{E}_0 \approx \Omega^{(\mathrm{s})}(\mu_{\mathrm{s}}, 0) - \Omega^{(\mathrm{n})}(\mu_{\mathrm{s}}, 0)$$

ist. Mit (6.31) finden wir

$$\delta\mathscr{E}_0 = K + \sum_{\boldsymbol{k}}\left\{\frac{\xi^2(\boldsymbol{k})}{|\xi(\boldsymbol{k})|} - \frac{\xi^2(\boldsymbol{k})}{\sqrt{\xi^2(\boldsymbol{k}) + |\Delta(\boldsymbol{k})|^2}}\right.$$

$$\left. - \frac{|\Delta(\boldsymbol{k})|^2}{\sqrt{\xi^2(\boldsymbol{k}) + |\Delta(\boldsymbol{k})|^2}}\right\}. \tag{6.45}$$

Nun müssen wir noch die Konstante K bestimmen und tun dies durch die Forderung, daß der Erwartungswert des reduzierten Hamilton-Operators (6.36) im Zustand (6.35) mit dem entsprechenden Erwartungswert des Hamilton-Operators (6.15) übereinstimmen soll. Daraus ergibt sich für K:

$$K = -\langle\Phi_0|\sum_{\boldsymbol{k}}\left\{\left\{\Delta^*(\boldsymbol{k}) - \frac{1}{2\Omega}\sum_{\boldsymbol{k}'} V(\boldsymbol{k}, \boldsymbol{k}')\, a^+_{-\boldsymbol{k}'\downarrow}a^+_{\boldsymbol{k}'\uparrow}\right\}\right.$$

$$\left.\times\, a_{\boldsymbol{k}\uparrow}a_{-\boldsymbol{k}\downarrow} + h.c.\right\}|\Phi_0\rangle,$$

und mit (6.35) findet man leicht unter Beachtung von (6.27), daß

$$K = \frac{1}{2} \sum_{\boldsymbol{k}} \{\Delta^*(\boldsymbol{k})\, u_{\boldsymbol{k}}^* v_{\boldsymbol{k}} + \Delta(\boldsymbol{k})\, u_{\boldsymbol{k}} v_{\boldsymbol{k}}^*\} \tag{6.46}$$

ist. Daher berechnet sich die Energiedifferenz $\delta\mathscr{E}_0$ gemäß (6.45) und (6.46) zu

$$\delta\mathscr{E}_0 = \sum_{\boldsymbol{k}} \left\{\frac{\xi^2(\boldsymbol{k})}{|\xi(\boldsymbol{k})|} - \frac{\xi^2(\boldsymbol{k})}{\sqrt{\xi^2(\boldsymbol{k}) + |\Delta(\boldsymbol{k})|^2}} - \frac{1}{2} \frac{|\Delta(\boldsymbol{k})|^2}{\sqrt{\xi^2(\boldsymbol{k}) + |\Delta(\boldsymbol{k})|^2}}\right\},$$

und mit (6.40) wird

$$\delta\mathscr{E}_0 = \Omega \mathscr{N}_0(E_\mathrm{F}) \int\limits_{-\hbar\omega_\mathrm{D}}^{\hbar\omega_\mathrm{D}} \mathrm{d}\xi \left\{\frac{\xi^2}{|\xi|} - \frac{\xi^2}{\sqrt{\xi^2 + |\Delta|^2}} - \frac{1}{2} \frac{|\Delta|^2}{\sqrt{\xi^2 + |\Delta|^2}}\right\},$$

also mit $|\Delta| \ll \hbar\omega_\mathrm{D}$ schließlich

$$\delta\mathscr{E}_0 = -\frac{1}{2} \Omega \mathscr{N}_0(E_\mathrm{F})\, |\Delta|^2. \tag{6.47}$$

Es findet also tatsächlich im Zustand (6.35) eine Energieabsenkung gegenüber der zum normalen Zustand (6.38) gehörigen Energie des Systems statt, so daß der Grundzustand des durch den Hamilton-Operator (6.36) bzw. (6.15) charakterisierten Modells durch (6.35) gegeben ist. Diese Energieabsenkung ist offenbar gerade die Kondensationsenergie, welche wir früher pro Volumeneinheit zu $-\frac{1}{8\pi} H_\mathrm{c}^2(0)$ für $T = 0$ gefunden hatten, so daß aus (6.47) eine Beziehung für das kritische Magnetfeld folgt, und zwar

$$H_c(0) = \sqrt{4\pi \mathcal{N}_0(E_F)\, |\Delta|^2}.$$

Wenn also die Gleichnung (6.28) eine nichttriviale Lösung hat, also $\Delta(\boldsymbol{k})$ nicht identisch verschwindet, gehört der Zustand (6.35) zu einem tieferen Wert des thermodynamischen Potentials $\Omega(\mu, 0)$ als der normale Zustand (6.38).

Mit (6.24) und (6.46) ergibt sich unter Beachtung von (6.21) und (6.27)

$$\Omega(\mu, 0) = \sum_{\boldsymbol{k}} \left\{ \hat{\xi}(\boldsymbol{k}) - \xi(\boldsymbol{k}) + \frac{1}{2} \frac{|\Delta(\boldsymbol{k})|^2}{\xi(\boldsymbol{k})} \right\}.$$

Der Zustand $|\Phi_0\rangle$ (6.35) ist der Grundzustand des Hamilton-Operators:

$$\mathcal{K} = \Omega(\mu, 0) + \sum_{\boldsymbol{k}} \xi(\boldsymbol{k}) \{\alpha_{\boldsymbol{k}}^+ \alpha_{\boldsymbol{k}} + \beta_{\boldsymbol{k}}^+ \beta_{\boldsymbol{k}}\}$$

(vgl. (6.22)). Beachten wir nun den durch (6.16) gegebenen Zusammenhang zwischen den Operatoren $\alpha_{\boldsymbol{k}}$, $\beta_{\boldsymbol{k}}$ einerseits und den Operatoren $a_{\boldsymbol{k}s}$, $a_{\boldsymbol{k}s}^+$ andererseits sowie den in Abbildung 16 dargestellten Verlauf der Funktionen $|u_{\boldsymbol{k}}|$ und $|v_{\boldsymbol{k}}|$, so sehen wir, daß $\alpha_{\boldsymbol{k}}^+$ für $k > k_F$ ein Elektron mit der Wellenzahl $\boldsymbol{k}$ und dem Spin $\uparrow$ dem System hinzugefügt, entsprechend $\beta_{\boldsymbol{k}}^+$ ein Elektron mit der Wellenzahl $-\boldsymbol{k}$ und dem Spin $\downarrow$. Für $k < k_F$ erzeugt $\alpha_{\boldsymbol{k}}^+$ ein „Loch", d. h. entnimmt dem System ein Elektron mit der Wellenzahl $-\boldsymbol{k}$ und dem Spin $\downarrow$, entsprechend entnimmt $\beta_{\boldsymbol{k}}^+$ ein Loch mit der Wellenzahl $\boldsymbol{k}$ und dem Spin $\uparrow$.

Die Energien, welche für diese Prozesse zur Verfügung stehen, werden durch $\xi(\boldsymbol{k})$ dargestellt. Definieren wir zur Veranschaulichung dieses Energiespektrums die Größe

$$E(\boldsymbol{k}) = \operatorname{sign}\,(k - k_F)\, \xi(\boldsymbol{k}) + \mu$$

und verzichten wir in der Darstellung auf die Abweichung der Quasiteilchenenergie $\hat{\varepsilon}(\boldsymbol{k})$ von der Energie $\varepsilon(\boldsymbol{k}) = \dfrac{\hbar^2 k^2}{2m}$ freier Elektronen, so ergibt sich mit (6.32) für $E(\boldsymbol{k})$

das in Abbildung 17 dargestellte Bild. Die Energieparabel $\varepsilon(\boldsymbol{k})$ wird für $k \approx k$ durch eine *Lücke* der Größe $2\,|\Delta|$ aufgebrochen.

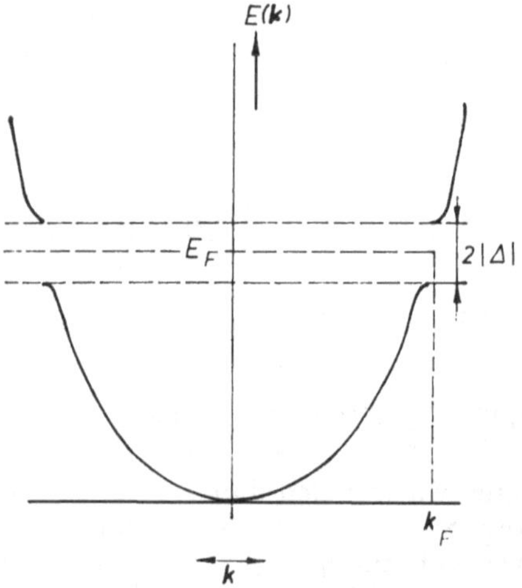

Abb. 17. Das Einteilchen-Energiespektrum eines Supraleiters mit der Energielücke $2\,|\Delta|$ an der Fermi-Fläche $|\boldsymbol{k}| = k_F$

Die zu diesem Spektrum gehörige Zustandsdichte

$$\mathcal{N}(E) = \int \frac{\mathrm{d}^3\boldsymbol{k}}{8\pi^3}\,\delta\big(E(\boldsymbol{k}) - E\big)$$

zeigen wir in Abbildung 18.

Bei endlichen Temperaturen werden nun aus dem Grundzustand $|\Phi_0\rangle$ Elektron-Loch-Paare angeregt, deren Minimalenergie offensichtlich $2\,|\Delta|$ betragen muß, und so erklärt sich das exponentielle Verhalten der spezifischen Wärme im supraleitenden Zustand als Folge der nach der BCS-Theorie auftretenden Lücke im Einteilchenspektrum (6.32).

Wir wenden uns nun der die Funktion $\Delta(\boldsymbol{k})$ bestimmenden Gleichung (6.28) zu und schreiben sie mit der Abkürzung

$$\frac{1}{2} \frac{\Delta(\boldsymbol{k})}{\sqrt{\xi^2(\boldsymbol{k}) + |\Delta(\boldsymbol{k})|^2}} = \psi(\boldsymbol{k}) \tag{6.48}$$

in der Form

$$2|\xi(\boldsymbol{k})| \psi(\boldsymbol{k}) + \sqrt{1 - 4\,\psi(\boldsymbol{k})|^2}\, \frac{1}{\Omega} \sum_{\boldsymbol{k}} V(\boldsymbol{k}, \boldsymbol{k}')\, \psi(\boldsymbol{k}') = 0. \tag{6.49}$$

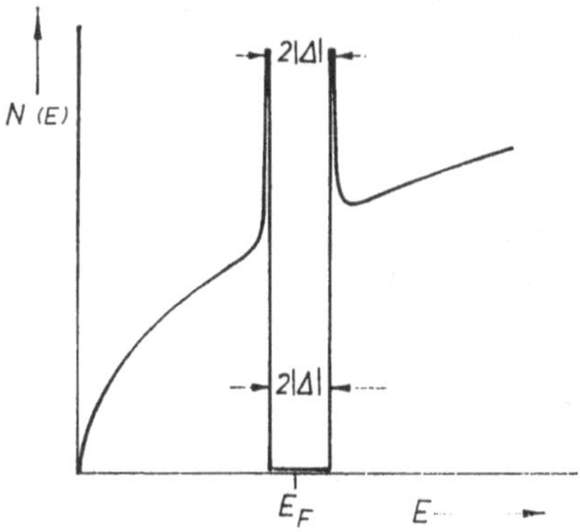

Abb. 18. Die Zustandsdichte $\mathcal{N}(E)$ für Elektronen gleichen Spins im Supraleiter mit der Lücke $2\,|\Delta|$ bei der Fermi-Energie E_F

Hieraus lesen wir ab, daß diese Gleichung mit Sicherheit keine nichttriviale Lösung hat, wenn das Potential $V(\boldsymbol{k}, \boldsymbol{k}')$ stets positiv, also abstoßend ist. Im BCS-Modell ist dieses Potential (vgl. (6.39)) anziehend, und in diesem Falle sehen wir, daß die aus (6.49) durch Linearisierung hervorgehende Gleichung

$$2\,|\xi(\boldsymbol{k})|\, \psi_0(\boldsymbol{k}) + \frac{1}{\Omega} \sum_{\boldsymbol{k}} V(\boldsymbol{k}, \boldsymbol{k}')\, \psi_0(\boldsymbol{k}') = \hat{\varepsilon} \psi_0(\boldsymbol{k}) \tag{6.50}$$

einen negativen Eigenwert $\hat{\varepsilon} < 0$ besitzt. Die Gleichung

(6.50) hat die Form einer Schrödinger-Gleichung für die innere Bewegung eines Elektronenpaares, zwischen dessen Komponenten eine durch das Potential $V(\boldsymbol{k}, \boldsymbol{k}')$ vermittelte Wechselwirkung herrscht. Für das BCS-Modell läßt sich (6.50) mit dem Ausdruck (6.39) für das Potential leicht lösen, man findet

$$\psi_0(\boldsymbol{k}) = C \frac{\theta(\hbar\omega_D - |\hat{\xi}(\boldsymbol{k})|)}{2\,|\hat{\xi}(\boldsymbol{k})| - \hat{\varepsilon}},$$

und zur Bestimmung des Eigenwertes $\hat{\varepsilon}$ erhält man damit aus (6.50) die Gleichung

$$\frac{\gamma^2}{\Omega} \sum_{\boldsymbol{k}} \frac{\theta(\hbar\omega_D - |\hat{\xi}(\boldsymbol{k})|)}{2\,|\hat{\xi}(\boldsymbol{k})| - \hat{\varepsilon}} = 1.$$

Die Auswertung dieser Summation vollziehen wir nach dem Vorbild der Behandlung des Ausdrucks (6.41) mit dem Resultat

$$\hat{\varepsilon} = -2\hbar\omega_D \exp\left\{-\frac{1}{\gamma^2 \mathcal{N}_0(E_F)}\right\}.$$

Vergleichen wir dieses Ergebnis mit (6.43), so finden wir

$$\hat{\varepsilon} = -|\Delta|.$$

Da wir in (6.49) die Energie auf das doppelte chemische Potential 2μ bezogen haben, ist

$$\hat{\varepsilon}_0 = 2\mu - |\Delta|$$

als die Energie des durch die Gleichung (6.50) beschriebenen Elektronenpaares zu deuten, mithin $\hat{\varepsilon}$ als dessen Bindungsenergie, welche aufgebracht werden muß, um das Paar in zwei einzelne Elektronen mit der minimalen, mit dem Pauli-Prinzip vereinbaren Energie 2μ aufzubrechen. Diese Paare bezeichnet man in der Theorie der Supraleitung als *Cooper-Paare,* weil L. N. COOPER 1956 zuerst erkannte, daß die durch die Gleichung (6.49) ausgedrückte Bindung zweier Elektronen mit entgegengesetztem Impuls und Spin zu einer Absenkung der Energie des Grundzustandes gegenüber dem des normalen Elektronensystems führt.

Die Bindungsenergie eines COOPER-Paares ist von der Größenordnung 10^{-3} eV und im Vergleich zur Fermi-Energie von einigen eV außerordentlich klein. Im gewissen Sinne bedeutet das, daß etwa nur ein Bruchteil von 10^{-4} der gesamten Elektronen von der Paarung betroffen ist. Von dieser Größenordnung ist gerade der Beitrag des einzelnen COOPER-Paares zur Kondensationsenergie (6.48), also die Größe

$$\frac{1}{2} \frac{\mathcal{N}_0(E_F)\,|\Delta|}{n_e} = \frac{3}{4} \frac{|\Delta|}{E_F} \approx 10^{-4}.$$

Die außerordentliche Kleinheit dieser Zahl erklärt die Tatsache, deren Verständnis lange Zeit so große Rätsel aufgegeben hatte, nämlich daß die Umwandlungswärme beim Übergang in den supraleitenden Zustand etwa 10^{-4} mal kleiner ist, als man von anderen Phasenübergängen, die bei einigen Kelvin ablaufen, gewohnt war. Die Umwandlungswärme bei der Verdampfung flüssigen Heliums beträgt etwa 92 J/mol, während beim Übergang von Blei in den supraleitenden Zustand eine Umwandlungswärme von nur etwa $2 \cdot 10^{-4}$ J/mol auftritt.

Nun darf man sich aber den supraleitenden Zustand keineswegs so vorstellen, daß von den etwa 10^{23} Elektronen in einem Kubikzentimeter eines Supraleiters etwa 10^{19} in COOPER-Paaren gebunden sind und die übrigen als einzelne Elektronen herumfliegen. Nach (6.48) und (6.27) ist nämlich

$$u_{\boldsymbol{k}} v_{\boldsymbol{k}} = \psi(\boldsymbol{k}),$$

und aus Abbildung 16 entnehmen wir, daß die „Wellenfunktion" des COOPER-Paares im $\boldsymbol{k}$-Raum eine Ausdehnung von

$$\delta k \sim \frac{2\,|\Delta|}{v_F} \qquad \left(v_F = \frac{\hbar k_F}{m}\right)$$

besitzt. Daraus resultiert nach der Heisenbergschen Unschärferelation ein „Durchmesser" des COOPER-Paares:

$$r_c \sim \frac{\hbar v_F}{4\,|\Delta|}.$$

Er ist praktisch gleich der *Kohärenzlänge* (vgl. auch Abschnitt 3.2.)

$$\xi_0 = \frac{\hbar v_F}{\pi\,|\Delta|},$$

welche von der Größenordnung 10^{-4} cm ist. Da nun nur etwa 10^{18} Elektronen pro cm³ – nach unserer naiven Vorstellung – zu COOPER-Paaren gebunden sind, beträgt der mittlere Abstand zwischen denselben etwa 10^{-6} cm, und im Volumen eines COOPER-Paares von etwa 10^{-12} cm³ müßten damit etwa 10^6 weitere COOPER-Paare liegen. Dieser Sachverhalt ist völlig unvereinbar mit der Vorstellung, es läge in einem Supraleiter eine Art von Gas aus COOPER-Paaren vor.

6.2. *Die thermodynamischen Eigenschaften des Supraleiters nach der BCS-Theorie*

Wir untersuchen nun die thermodynamischen Eigenschaften des durch den Operator $\hat{\mathscr{H}}$ also (vgl. (6.15))

$$\hat{\mathscr{H}} = \sum_{\boldsymbol{k}s} \{\hat{\varepsilon}(\boldsymbol{k}) - \mu\}\, a_{\boldsymbol{k}s}^{+} a_{\boldsymbol{k}s} + \sum_{\boldsymbol{k}} \{\Delta(\boldsymbol{k})\, a_{-\boldsymbol{k}\downarrow}^{+} a_{\boldsymbol{k}\uparrow}^{+} + \Delta^{*}(\boldsymbol{k})\, a_{\boldsymbol{k}\uparrow} a_{-\boldsymbol{k}\downarrow}\} + K \qquad (6.51)$$

charakterisierten Systems. Wir können alle thermodynamischen Informationen aus dem großkanonischen Potential

$$\Omega(\mu, T) = -\frac{1}{\beta} \log \operatorname{Spur} e^{-\beta \hat{\mathscr{H}}} \quad \left(\beta = \frac{1}{k_B T}\right) \qquad (6.52)$$

gewinnen. Für die Größen $\Delta(\boldsymbol{k})$ und K fanden wir (vgl. (6.26) und (6.46))

$$\Delta(\boldsymbol{k}) = -\frac{1}{\Omega} \sum_{\boldsymbol{k}'} V(\boldsymbol{k}, \boldsymbol{k}')\, u_{\boldsymbol{k}'} v_{\boldsymbol{k}'}, \tag{6.53}$$

bzw.

$$K = \frac{1}{2} \sum_{\boldsymbol{k}} \{\Delta^*(\boldsymbol{k})\, u_{\boldsymbol{k}}^* v_{\boldsymbol{k}} + \Delta(\boldsymbol{k})\, u_{\boldsymbol{k}} v_{\boldsymbol{k}}^*\}. \tag{6.54}$$

Dabei war

$$u_{\boldsymbol{k}} v_{\boldsymbol{k}} = -\langle \hat{0}\, | a_{\boldsymbol{k}\uparrow} a_{-\boldsymbol{k}\downarrow} |\, \hat{0} \rangle$$

für $T = 0$. Für endliche Temperaturen ersetzen wir den Grundzustandserwartungswert durch den großkanonischen und schreiben

$$\Delta(\boldsymbol{k}, T) = \frac{1}{\Omega} \sum_{\boldsymbol{k}'} V(\boldsymbol{k}, \boldsymbol{k}')\, \frac{\text{Spur}\,\{\mathrm{e}^{-\beta\hat{\mathscr{H}}} a_{\boldsymbol{k}'\uparrow} a_{-\boldsymbol{k}'\downarrow}\}}{\text{Spur}\,\mathrm{e}^{-\beta\hat{\mathscr{H}}}}, \tag{6.55}$$

$$K = \frac{1}{2} \sum_{\boldsymbol{k}} \left\{\Delta(\boldsymbol{k})\, \frac{\text{Spur}\,\{\mathrm{e}^{-\beta\hat{\mathscr{H}}} a_{\boldsymbol{k}\uparrow} a_{-\boldsymbol{k}\downarrow}\}}{\text{Spur}\,\mathrm{e}^{-\beta\hat{\mathscr{H}}}} + \text{c. c.}\right\}. \tag{6.56}$$

Die Berechnung der Spuren in (6.55) und (6.56) wird einfach, wenn wir die betreffenden Operatoren durch die Bogoljubow-Operatoren gemäß (6.16b) ausdrücken. Dann wird mit (6.20), (6.21) und (6.23), wobei wegen (6.55) an die Stelle von $\Delta(\boldsymbol{k})$ und $\xi(\boldsymbol{k})$ natürlich jetzt die temperaturabhängigen Funktionen $\Delta(\boldsymbol{k}, T)$ und $\xi(\boldsymbol{k}) = \xi(\boldsymbol{k}, \Delta(\boldsymbol{k}, T))$ treten,

$$\hat{\mathscr{H}} = K + \sum_{\boldsymbol{k}} \{\hat{\xi}(\boldsymbol{k}) - \xi(\boldsymbol{k})\} + \sum_{\boldsymbol{k}} \xi(\boldsymbol{k})\, \{\alpha_{\boldsymbol{k}}^+ \alpha_{\boldsymbol{k}} + \beta_{\boldsymbol{k}}^+ \beta_{\boldsymbol{k}}\}, \tag{6.57}$$

$$a_{\boldsymbol{k}\uparrow} a_{-\boldsymbol{k}\downarrow} = -u_{\boldsymbol{k}} v_{\boldsymbol{k}} \{1 - \alpha_{\boldsymbol{k}}^+ \alpha_{\boldsymbol{k}} - \beta_{\boldsymbol{k}}^+ \beta_{\boldsymbol{k}}\} + u_{\boldsymbol{k}}^2 \alpha_{\boldsymbol{k}} \beta_{\boldsymbol{k}} - v_{\boldsymbol{k}}^2 \beta_{\boldsymbol{k}}^+ \alpha_{\boldsymbol{k}}^+. \tag{6.58}$$

Gehen wir mit (6.57) und (6.58) in (6.55) ein, so erhalten

wir für $\Delta(\boldsymbol{k}, T)$ die Integralgleichung

$$\Delta(\boldsymbol{k}, T) + \frac{1}{2\Omega} \sum_{\boldsymbol{k}} V(\boldsymbol{k}, \boldsymbol{k}') \times \frac{\Delta(\boldsymbol{k}', T) \left\{1 - 2f\big(\xi(\boldsymbol{k}')\big)\right\}}{\sqrt{\xi^2(\boldsymbol{k}') + |\Delta(\boldsymbol{k}', T)|^2}} = 0 \tag{6.59}$$

durch Berechnung der Spuren mit den Zuständen $|\hat{0}\rangle$, $\alpha_{\boldsymbol{k}}^+ |\hat{0}\rangle$ und $\beta_{\boldsymbol{k}}^+ |\hat{0}\rangle$. Analog finden wir

$$K = -\frac{1}{2} \sum_{\boldsymbol{k}} \{\Delta(\boldsymbol{k}, T)\, u_{\boldsymbol{k}} v_{\boldsymbol{k}}^* + \Delta^*(\boldsymbol{k}, T)\, u_{\boldsymbol{k}} v_{\boldsymbol{k}}\} \times \left\{1 - 2f\big(\xi(\boldsymbol{k})\big)\right\}. \tag{6.60}$$

In (6.59) und (6.60) bedeutet $f\big(\xi(\boldsymbol{k})\big)$ die Fermi-Funktion

$$f\big(\xi(\boldsymbol{k})\big) = \frac{1}{e^{\beta \xi(\boldsymbol{k})} + 1}.$$

Die Berechnung des großkanonischen Potentials für den Operator (6.57), welcher ungekoppelte Fermi-Teilchen beschreibt, vollzieht sich ähnlich und liefert, wenn wir (6.60) noch mit (6.21) (mit $\Delta(\boldsymbol{k}, T)$ natürlich) verarbeiten,

$$\Omega(\mu, T) = \frac{2}{\beta} \sum_{\boldsymbol{k}} \log \left\{1 - f\big(\xi(\boldsymbol{k})\big)\right\} + \sum_{\boldsymbol{k}} \left[\hat{\xi}(\boldsymbol{k}) - \xi(\boldsymbol{k}) + \frac{|\Delta(\boldsymbol{k}, T)|^2}{2\hat{\xi}(\boldsymbol{k})} \left\{1 - 2f\big(\hat{\xi}(\boldsymbol{k})\big)\right\}\right]. \tag{6.61}$$

Zur weiteren Behandlung der Gleichung (6.59) benutzen wir wieder die Näherung (6.39) für das Wechselwirkungspotential. In Analogie zu (6.42) können wir sie dann auf die Form

$$\frac{\gamma^2}{2} \mathcal{N}_0(\mu) \int\limits_{-\hbar\omega_D}^{\hbar\omega_D} \frac{d\xi}{\sqrt{\xi^2 + |\Delta(T)|^2}} \{1 - 2f(\xi)\} = 1 \qquad (6.62)$$

bringen. Für $|\Delta(T)| \ll \hbar\omega_D$ finden wir durch partielle Integration

$$\gamma^2 \mathcal{N}_0(\mu) \left\{\log \frac{2\hbar\omega_D}{|\Delta(T)|} + 2 \int\limits_0^{\hbar\omega_D} d\xi \frac{\partial f(\xi)}{\partial \xi} \log \frac{2\xi}{|\Delta(T)|}\right\} = 1 .$$

Mit der neuen Variablen $x = \beta\xi$ wird das verbliebene Integral gleich

$$2 \int\limits_0^\infty dx \log \frac{2x}{\beta\,|\Delta(T)|} \frac{\partial}{\partial x} \frac{1}{e^{\sqrt{x^2+\beta^2|\Delta|^2(T)}} + 1} = \mathcal{F}\big(\beta|\Delta(T)|\big).$$

Mit der Relation (6.43) für $\Delta(0)$ finden wir also

$$\frac{|\Delta(T)|}{|\Delta(0)|} = e^{\mathcal{F}(\beta|\Delta(T)|)} \qquad (6.63)$$

für *schwach gekoppelte Supraleiter* (d. h. $|\Delta| \ll \hbar\omega_D$). Den numerisch berechneten Verlauf von $\frac{|\Delta(T)|}{|\Delta(0)|}$ zeigt Abbildung 19.

Die Sprungtemperatur T_c, oberhalb derer (6.62) nur die triviale Lösung $\Delta \equiv 0$ besitzt, berechnet sich, wenn wir in (6.62) $\beta_c\xi = x$ substituieren, aus

$$\gamma^2 \mathcal{N}_0(\mu) \int\limits_0^{\beta_c\hbar\omega_D} \frac{dx}{x} \left\{1 - \frac{2}{e^x + 1}\right\} = 1.$$

Erstrecken wir für $\beta_c\hbar\omega_D \gg 1$ die Integration bis ins

Unendliche und benutzen $f(\hbar\omega_D) \ll 1$, so finden wir durch partielle Integration

$$\gamma^2 \mathcal{N}_0(\mu) \cdot \ln\left(\frac{2}{\pi}\, e^{\gamma_E} \beta_c \hbar\omega_D\right) = 1$$

und daraus

$$k_B T_c = \hbar\omega_D\, \frac{2e^{\gamma_E}}{\pi}\, e^{-\frac{1}{\gamma^2 \mathcal{N}_0(\mu)}}$$

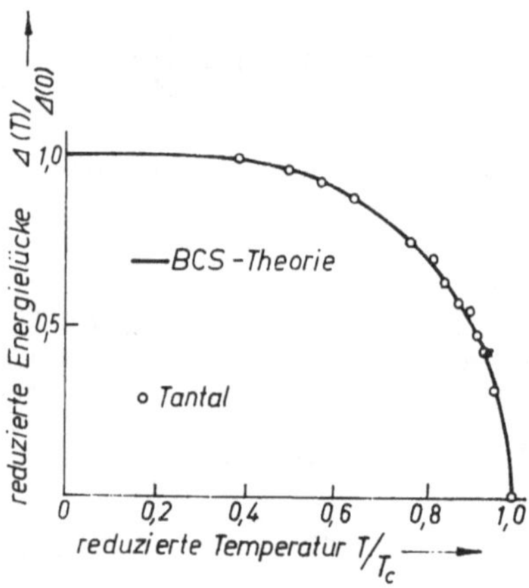

Abb. 19. Die Funktion $\frac{\Delta(T)}{\Delta(0)}$ nach der BCS-Theorie (nach Giaever 1963)

Da $\hbar\omega_D \sim \frac{1}{\sqrt{M}}$ ist (vgl. S. 79), ersehen wir aus diesem Resultat, daß $T_c \cdot \sqrt{M} =$ const ist; wir haben also den Isotopeneffekt (vgl. Abschnitt 1.6.) bestätigt.
mit $\gamma_E = 0{,}577$ als Eulerscher Konstanten. Mit (6.43) entspricht diesem Ergebnis

$$k_B T_c \approx \frac{|\Delta(0)|}{1{,}76}. \tag{6.64}$$

Aus Abbildung 19 entnehmen wir, daß $\frac{|\Delta(T)|}{|\Delta(0)|}$ eine *universelle Funktion* von $\frac{T}{T_c}$ ist. Aus (6.63) ersehen wir zunächst, daß $\frac{|\Delta(T)|}{|\Delta(0)|}$ eine universelle Funktion von $\beta|\Delta(T)|$ ist, so daß umgekehrt $\beta|\Delta(T)|$ eine universelle Funktion von $\frac{|\Delta(T)|}{|\Delta(0)|}$ sein muß: $\beta|\Delta(T)| = \Phi\left(\frac{|\Delta(T)|}{|\Delta(0)|}\right)$. Daher ist mit (6.64) $\frac{T}{T_c} = \frac{1{,}76}{\Phi\left(\frac{|\Delta(T)|}{|\Delta(0)|}\right)} \cdot \frac{|\Delta(T)|}{|\Delta(0)|}$, woraus der universelle Charakter von $\frac{|\Delta(T)|}{|\Delta(0)|}$ als Funktion von $\frac{T}{T_c}$ ersichtlich ist. In der Nähe des Sprungpunktes ergibt sich insbesondere

$$\frac{|\Delta(T)|}{|\Delta(0)|} \approx 1{,}74\left(1 - \frac{T}{T_c}\right)^{1/2}. \tag{6.65}$$

Wir wenden uns nun der Berechnung der spezifischen Wärme zu, welche wir gemäß der allgemeinen thermodynamischen Beziehung

$$C = T \cdot \frac{\partial S}{\partial T}$$

aus der Entropie bestimmen können. Letztere selbst könnten wir aus dem großkanonischen Potential (6.61) durch Differentiation nach der Temperatur gewinnen:

$$S = -\frac{\partial \Omega(\mu, T)}{\partial T}.$$

Es ist jedoch einfacher, die Entropie direkt auf Grund der statistischen Definition

$$S = -k_B \cdot \text{Spur}\,\{W \log W\}$$

zu berechnen, wobei

$$W = e^{\beta\Omega(\mu,T)}\, e^{-\beta\hat{\mathscr{H}}}$$

der großkanonische statistische Operator (vgl. (6.51) und (6.52)) ist. Damit erhalten wir zunächst

$$S = -k_B \operatorname{Spur}\left\{-\beta\big(\hat{\mathscr{H}} - \Omega(\mu, T)\big)\, e^{-\beta(\hat{\mathscr{H}} - \Omega(\mu,T))}\right\}.$$

Zur Berechnung der Spur benutzen wir wieder die BOGOLJUBOW-Darstellung und schreiben mit (6.57) weiter

$$S = k_B\beta \left\{K + \sum_{\boldsymbol{k}} \left[\mathring{\xi}(\boldsymbol{k}) - \xi(\boldsymbol{k}) - \Omega(\mu, T) + 2\xi(\boldsymbol{k})\, f\big(\xi(\boldsymbol{k})\big)\right]\right\}.$$

Dies ergibt mit (6.61) (und einem Rückblick auf (6.60) und (6.21)) zunächst

$$S = -2k_B \sum_{\boldsymbol{k}} \left\{\log\left\{1 - f\big(\xi(\boldsymbol{k})\big)\right\} - \beta\xi(\boldsymbol{k})\, f\big(\xi(\boldsymbol{k})\big)\right\},$$

was wir umschreiben zu

$$S = -2k_B \sum_{\boldsymbol{k}} \Big\{f\big(\xi(\boldsymbol{k})\big) \log f\big(\xi(\boldsymbol{k})\big) + \left\{1 - f\big(\xi(\boldsymbol{k})\big)\right\} \log\left\{1 - f\big(\xi(\boldsymbol{k})\big)\right\}\Big\}. \tag{6.66}$$

Da mit $T \to T_c$ die Funktion $\Delta(\boldsymbol{k}, T)$ stetig gegen Null geht, geht dabei die Größe $\xi(\boldsymbol{k})$ stetig in die Energie $\mathring{\xi}(\boldsymbol{k})$ des normalen Systems über; daher verhält sich auch die Entropie bei T_c stetig, und wir finden die früher ausgesprochene Erfahrung auch aus der BCS-Theorie bestätigt, daß es sich (bei abwesendem Magnetfeld) beim Übergang in den supraleitenden Zustand um einen Phasenübergang zweiter Art handelt.

Für die spezifische Wärme erhalten wir aus (6.66)

$$C(T) = 2 \sum_{\boldsymbol{k}} \xi(\boldsymbol{k})\, \frac{\partial f\big(\xi(\boldsymbol{k})\big)}{\partial T}. \tag{6.67}$$

Mit

$$\xi(\boldsymbol{k}) = \sqrt{\mathring{\xi}^2(\boldsymbol{k}) + |\Delta(\boldsymbol{k}, T)|^2}$$

ergibt das

$$C(T) = -\frac{2}{T} \sum_{\boldsymbol{k}} \frac{\partial f\big(\xi(\boldsymbol{k})\big)}{\partial \xi(\boldsymbol{k})} \left\{\xi^2(\boldsymbol{k}) + \frac{\beta}{2}\, \frac{\partial |\Delta(\boldsymbol{k}, T)|^2}{\partial \beta}\right\}$$

unter Beachtung von $\beta f\big(\xi(\boldsymbol{k})\big)\,\big\{1 - f\big(\xi(\boldsymbol{k})\big)\big\} = \dfrac{\partial f\big(\xi(\boldsymbol{k})\big)}{\partial \xi(\boldsymbol{k})}$.
Führen wir die $\boldsymbol{k}$-Summation wieder wie bei der Behandlung von (6.41) aus, so resultiert pro Volumeneinheit

$$c(T) = -\frac{2\mathcal{N}_0(E_F)}{T}\int\limits_{-\infty}^{+\infty} d\xi \left\{\frac{\partial f(\xi)}{\partial \xi}\,\xi^2 + \frac{\beta}{2}\,\frac{|\Delta(k_F,\,T)|^2}{\partial T}\right\}.$$

Für $T < T_c$ ergibt sich die Sommerfeldsche spezifische Wärme des normalen Elektronengases

$$c_n(T) = -\frac{2\mathcal{N}_0(E_F)}{T}\int\limits_{-\infty}^{+\infty} d\xi\,\frac{\partial f(\xi)}{\partial \xi}\,\xi^2 \approx \frac{2}{3}\,\pi^2 k_B{}^2\mathcal{N}_0(E_F)\,T.$$

Daher haben wir für den Sprung der spezifischen Wärme bei T_c:

$$\left.\frac{c_s(T) - c_n(T)}{c_n(T)}\right|_{T=T_c} = \frac{3}{2\pi^2}\,\beta^3\left.\frac{\partial|\Delta(k_F,\,T)|^2}{\partial\beta}\right|_{T=T_c}.$$

Verwenden wir die aus (6.64) und (6.65) folgende Relation

$$|\Delta(T)|_{T\leqq T_c} = 3{,}06 k_B T_c\left(1 - \frac{T}{T_c}\right)^{1/2},$$

so finden wir schließlich die *universell gültige* Beziehung

$$\left.\frac{c_s(T) - c_n(T)}{c_n(T)}\right|_{T=T_c} = 1{,}43.$$

Um das exponentielle Verschwinden der spezifischen Wärme des Supraleiters bei $T \to 0$ zu sehen, brauchen wir nur in (6.67) $f\big(\xi(\boldsymbol{k})\big)$ durch $e^{-\beta\xi(\boldsymbol{k})}$ zu ersetzen und finden

$$C(T) = 2\sum_{\boldsymbol{k}} \sqrt{\xi^2(\boldsymbol{k}) + |\Delta(\boldsymbol{k},\,0)|^2}\; e^{-\beta\sqrt{\xi^2(\boldsymbol{k})+|\Delta(\boldsymbol{k},0)|^2}}$$
$$\sim e^{-\beta|\Delta(k_F,0)|}.$$

6.3. Der Meissner-Effekt

Wir wollen nun die Frage untersuchen, wie das System der durch den reduzierten Hamilton-Operator (6.36) beschriebenen Elektronen auf ein äußeres Magnetfeld reagiert. Dazu schreiben wir zunächst den Stromdichteoperator auf, wie er sich in den Feldoperatoren $a_{\boldsymbol{k}s}$, $a^+_{\boldsymbol{k}s}$ darstellt:

$$\boldsymbol{j}(\boldsymbol{r}) = \frac{e\hbar}{m\Omega} \sum_{\boldsymbol{q}} \sum_{\boldsymbol{k}s} \boldsymbol{k}\, \mathrm{e}^{i\boldsymbol{q}\boldsymbol{r}} a^+_{\boldsymbol{k}-\boldsymbol{q}/2s} a_{\boldsymbol{k}+\boldsymbol{q}/2s} - \frac{e^2}{mc} \boldsymbol{A}(\boldsymbol{r}) \frac{1}{\Omega} \sum_{\boldsymbol{k}s} a^+_{\boldsymbol{k}s} a_{\boldsymbol{k}s}.$$

Bezeichnen wir mit $|\Phi\rangle$ den Zustand des Systems, welcher aus dem Grundzustand $|\Phi_0\rangle$ durch die Einwirkung des Vektorpotentials $\boldsymbol{A}$ hervorgeht, so interessieren wir uns für den Erwartungswert $\langle\Phi|\, \boldsymbol{j}(\boldsymbol{r})\, |\Phi\rangle$. Beschränken wir uns auf die im Vektorpotential $\boldsymbol{A}$ linearen Beiträge und zerlegen wir $|\Phi\rangle$ störungstheoretisch in der Form

$$|\Phi\rangle = |\Phi_0\rangle + |\Phi_1\rangle,$$

wobei $|\Phi_1\rangle$ der in $\boldsymbol{A}$ lineare Beitrag ist, so haben wir

$$\langle\Phi|\, \boldsymbol{j}(\boldsymbol{r})\, |\Phi\rangle = -\frac{e^2 n_e}{mc} \boldsymbol{A}(\boldsymbol{r}) + \frac{e\hbar}{m\Omega} \sum_{\boldsymbol{q}} \sum_{\boldsymbol{k}s} \boldsymbol{k}\, \mathrm{e}^{i\boldsymbol{q}\boldsymbol{r}} \left\{\langle\Phi_0|\, a^+_{\boldsymbol{k}-\boldsymbol{q}/2s} a_{\boldsymbol{k}+\boldsymbol{q}/2s}\, |\Phi_1\rangle + \langle\Phi|\, a^+_{\boldsymbol{k}+\boldsymbol{q}/2s} a_{\boldsymbol{k}-\boldsymbol{q}/2s}\, |\Phi_0\rangle\right\}.$$

Linear in $\boldsymbol{A}$ und mit der Eichung $\operatorname{div} \boldsymbol{A}(\boldsymbol{r}) = 0$ wird die Wechselwirkung mit dem Magnetfeld beschrieben durch den Operator

$$\mathscr{H}_{\mathrm{W}} = -\frac{e\hbar}{mc\Omega} \sum_{\boldsymbol{k}\boldsymbol{q}s} \big(\boldsymbol{A}(\boldsymbol{q}), \boldsymbol{k}\big)\, a^+_{\boldsymbol{k}+\boldsymbol{q}/2s} a_{\boldsymbol{k}-\boldsymbol{q}/2s}, \tag{6.68}$$

wobei

$$\boldsymbol{A}(\boldsymbol{q}) = \int \mathrm{d}^3\boldsymbol{r}\, \mathrm{e}^{-i\boldsymbol{q}\boldsymbol{r}} \boldsymbol{A}(\boldsymbol{r})$$

ist. Damit können wir schreiben

$$\langle\Phi|\,\boldsymbol{j}(\boldsymbol{q})\,|\Phi\rangle = -\frac{e^2 n_e}{mc}\,\boldsymbol{A}(\boldsymbol{q})$$

$$+\frac{e\hbar}{m}\sum_{\boldsymbol{k}s}\boldsymbol{k}\,\{\langle\Phi_0|\,a^+_{\boldsymbol{k}-\boldsymbol{q}/2s}a_{\boldsymbol{k}+\boldsymbol{q}/2s}\,|\Phi_1\rangle$$

$$+\langle\Phi_0|\,a^+_{\boldsymbol{k}+\boldsymbol{q}/2s}a_{\boldsymbol{k}-\boldsymbol{q}/2s}\,|\Phi_1\rangle^*\}. \qquad (6.69)$$

Führen wir in (6.68) nach (6.16b) die BOGOLJUBOW-Operatoren ein, so erhalten wir

$$\mathscr{H}_{\mathrm{W}} = -\frac{e\hbar}{\Omega mc}\sum_{\boldsymbol{q}}\sum_{\boldsymbol{k}}\big(\boldsymbol{k},\boldsymbol{A}(\boldsymbol{q})\big)\,[\{u_{\boldsymbol{k}+\boldsymbol{q}/2}\alpha^+_{\boldsymbol{k}+\boldsymbol{q}/2}$$

$$+ v^*_{\boldsymbol{k}+\boldsymbol{q}/2}\beta_{\boldsymbol{k}+\boldsymbol{q}/2}\}\,\{u_{\boldsymbol{k}-\boldsymbol{q}/2}\alpha_{\boldsymbol{k}-\boldsymbol{q}/2} + v_{\boldsymbol{k}-\boldsymbol{q}/2}\beta^+_{\boldsymbol{k}-\boldsymbol{q}/2}\}$$

$$-\{u^+_{\boldsymbol{k}-\boldsymbol{q}/2}\beta^+_{\boldsymbol{k}-\boldsymbol{q}/2} - v^*_{\boldsymbol{k}-\boldsymbol{q}/2}\alpha_{\boldsymbol{k}-\boldsymbol{q}/2}\}$$

$$\times\{u_{\boldsymbol{k}+\boldsymbol{q}/2}\beta_{\boldsymbol{k}+\boldsymbol{q}/2} - v_{\boldsymbol{k}+\boldsymbol{q}/2}\alpha^+_{\boldsymbol{k}+\boldsymbol{q}/2}\}],$$

so daß

$$\mathscr{H}_{\mathrm{W}}\,|\Phi_0\rangle = -\frac{e\hbar}{\Omega mc}\sum_{\boldsymbol{q},\boldsymbol{k}}\big(\boldsymbol{k},\boldsymbol{A}(\boldsymbol{q})\big)$$

$$\times\{u_{\boldsymbol{k}+\boldsymbol{q}/2}v_{\boldsymbol{k}-\boldsymbol{q}/2} - u_{\boldsymbol{k}-\boldsymbol{q}/2}v_{\boldsymbol{k}+\boldsymbol{q}/2}\}\,\alpha^+_{\boldsymbol{k}+\boldsymbol{q}/2}\beta^+_{\boldsymbol{k}-\boldsymbol{q}/2}\,|\Phi_0\rangle$$

und also in erster Näherung der Störungstheorie

$$|\Phi_1\rangle = \frac{e\hbar}{\Omega mc}\sum_{\boldsymbol{q},\boldsymbol{k}}\big(\boldsymbol{k},\boldsymbol{A}(\boldsymbol{q})\big)\,\frac{u_{\boldsymbol{k}+\boldsymbol{q}/2}v_{\boldsymbol{k}-\boldsymbol{q}/2} - u_{\boldsymbol{k}-\boldsymbol{q}/2}v_{\boldsymbol{k}-\boldsymbol{q}/2}}{\xi(\boldsymbol{k}+\boldsymbol{q}/2)+\xi(\boldsymbol{k}-\boldsymbol{q}/2)}$$

$$\times\,\alpha^+_{\boldsymbol{k}+\boldsymbol{q}/2}\beta^+_{\boldsymbol{k}-\boldsymbol{q}/2}\,|\Phi_0\rangle$$

ist, setzen wir dies in (6.69) ein und beachten $\boldsymbol{A}^*(\boldsymbol{q}) = \boldsymbol{A}(-\boldsymbol{q})$, so erhalten wir

$$\langle\Phi|\,\boldsymbol{j}(\boldsymbol{q})\,|\Phi\rangle = -\frac{e^2 n_e}{mc}\,\boldsymbol{A}(\boldsymbol{q}) + \frac{2e^2\hbar^2}{\Omega m^2 c}$$

$$\times\sum_{\boldsymbol{k}}\frac{\{u_{\boldsymbol{k}+\boldsymbol{q}/2}\,|v_{\boldsymbol{k}-\boldsymbol{q}/2}| - u_{\boldsymbol{k}-\boldsymbol{q}/2}\,|v_{\boldsymbol{k}+\boldsymbol{q}/2}|\}^2}{\xi(\boldsymbol{k}+\boldsymbol{q}/2)+\xi(\boldsymbol{k}-\boldsymbol{q}/2)}$$

$$\times\,\big(\boldsymbol{k},\boldsymbol{A}(\boldsymbol{q})\big)\,\boldsymbol{k}.$$

Diese Beziehung ist von der Form

$$\langle \Phi | \, \boldsymbol{j}(\boldsymbol{q}) \, | \Phi \rangle = - \frac{c}{4\pi} K(\boldsymbol{q}) \, \boldsymbol{A}(\boldsymbol{q}) \tag{6.70}$$

mit

$$K(\boldsymbol{q}) = \frac{4\pi n_e e^2}{mc^2} - \frac{4\pi e^2}{c^2} \frac{2}{3\Omega} \times \sum_{\boldsymbol{k}} \frac{|u_{\boldsymbol{k}+\boldsymbol{q}/2} v_{\boldsymbol{k}-\boldsymbol{q}/2} - u_{\boldsymbol{k}-\boldsymbol{q}/2} v_{\boldsymbol{k}+\boldsymbol{q}/2}|^2}{\xi(\boldsymbol{k}+\boldsymbol{q}/2) + \xi(\boldsymbol{k}-\boldsymbol{q}/2)} \frac{\hbar^2 k^2}{m^2}. \tag{6.71}$$

Den Ausdruck (6.71) wollen wir nun im normalen Zustand und mit den Ausdrücken (6.43a) und (6.43b) für $|u_{\boldsymbol{k}}|^2$ und $|v_{\boldsymbol{k}}|^2$ diskutieren.

Im Normalzustand ist

$$v_{\boldsymbol{k}} = \theta\big(\mu - \varepsilon(\boldsymbol{k})\big), \qquad u_{\boldsymbol{k}} = 1 - \theta\big(\mu - \varepsilon(\boldsymbol{k})\big)$$

und

$$\xi_{\boldsymbol{k}} = |\hat{\xi}_{\boldsymbol{k}}| = |\varepsilon(k) - \mu| .$$

Damit erhält man aus (6.71)

$$K_{\mathrm{n}}(\boldsymbol{q}) = \frac{4\pi n_e e^2}{mc^2} + \frac{4\pi e^2}{c^2} \frac{2}{3\Omega} \times \sum_{\boldsymbol{k}} \frac{\theta\left(\mu - \varepsilon\left(\boldsymbol{k} + \frac{\boldsymbol{q}}{2}\right)\right) - \theta\left(\mu - \varepsilon\left(\boldsymbol{k} - \frac{\boldsymbol{q}}{2}\right)\right)}{\varepsilon(\boldsymbol{k}+\boldsymbol{q}/2) - \varepsilon(\boldsymbol{k}-\boldsymbol{q}/2)} \times \frac{\hbar^2 k^2}{m^2}. \tag{6.72}$$

Für den supraleitenden Zustand wollen wir $K_s(\boldsymbol{q})$ nicht weiter berechnen, sondern nur konstatieren, daß, wie wir unmittelbar unter Beachtung von (6.43a), (6.43b) und

(6.71) ersehen können,

$$\lim_{q\to 0} K_s(\boldsymbol{q}) = \frac{4\pi n_e e^2}{m}$$

folgt, was nach (2.17) hinreichend für den MEISSNER-Effekt ist. Für kleine $\boldsymbol{q}$ nimmt damit (6.71) die Gestalt der LONDONschen Gleichung

$$\langle \Phi | \, \boldsymbol{j}(\boldsymbol{q}) \, | \Phi \rangle = -\frac{n_e e^2}{mc} \boldsymbol{A}(\boldsymbol{q})$$

an.

Für den normalleitenden Zustand besagt (6.72)

$$\lim_{q\to 0} K_n(\boldsymbol{q}) = \frac{4\pi n_e e^2}{mc^2} - \frac{4\pi e^2}{c^2} \frac{2}{3} \int \frac{d^3\boldsymbol{k}}{8\pi^3} \, \delta\big(\varepsilon(\boldsymbol{k}) - \mu\big) \frac{\hbar^2 k^2}{m^2},$$

also

$$\lim_{q\to 0} K_n(\boldsymbol{q}) = 0,$$

im Normalzustand gibt es keinen MEISSNER-Effekt.

Die Berechnung der die Eindringtiefe des Magnetfeldes beherrschenden Funktion $K(\boldsymbol{q}, T)$ für endliche Temperaturen $T \leqq T_c$ wollen wir hier nicht darstellen, sondern uns auf die Bemerkung beschränken, daß die Temperaturabhängigkeit des MEISSNER-Effektes wesentlich von den Termen in $\mathscr{H}_W$ (vgl. (6.68)) und im Stromdichteoperator $\boldsymbol{j}(\boldsymbol{r})$ herrührt, deren Beiträge für $T = 0$ verschwinden. Sie lauten in der BOGOLJUBOW-Darstellung

$$\mathscr{H}'_W = -\frac{e\hbar}{\Omega mc} \sum_{\boldsymbol{qk}} \big(\boldsymbol{k}, \boldsymbol{A}(\boldsymbol{q})\big) \{u_{\boldsymbol{k}+\boldsymbol{q}/2} u_{\boldsymbol{k}-\boldsymbol{q}/2} + v_{\boldsymbol{k}+\boldsymbol{q}/2} v^*_{\boldsymbol{k}-\boldsymbol{q}/2}\}$$
$$\times \{\alpha^+_{\boldsymbol{k}+\boldsymbol{q}/2} \alpha_{\boldsymbol{k}-\boldsymbol{q}/2} - \beta^+_{\boldsymbol{k}+\boldsymbol{q}/2} \beta_{\boldsymbol{k}-\boldsymbol{q}/2}\}$$

bzw.

$$\boldsymbol{j}'(\boldsymbol{q}) = \frac{e\hbar}{m} \sum_{\boldsymbol{k}} \boldsymbol{k} \{u_{\boldsymbol{k}-\boldsymbol{q}/2} u_{\boldsymbol{k}+\boldsymbol{q}/2} + v_{\boldsymbol{k}-\boldsymbol{q}/2} v^*_{\boldsymbol{k}+\boldsymbol{q}/2}\}$$
$$\times \{\alpha^+_{\boldsymbol{k}-\boldsymbol{q}/2} \alpha_{\boldsymbol{k}+\boldsymbol{q}/2} - \beta^+_{\boldsymbol{k}+\boldsymbol{q}/2} \beta_{\boldsymbol{k}+\boldsymbol{q}/2}\}.$$

Diesen Ausdrücken sehen wir an, daß $\langle \boldsymbol{j}'(0) \rangle$ der Erwartungswert des paramagnetischen Stromdichteanteils für ein Elektronengas ist, welches sich vom normalen nur dadurch unterscheidet, daß statt der Energien $\hat{\xi}(\boldsymbol{k})$ die Energien des supraleitenden Elektronengases $\xi(\boldsymbol{k})$ (vgl. (6.32)) auftreten. Unter Berücksichtigung dieses Unterschiedes können wir den bekannten Ausdruck für den paramagnetischen Stromanteil eines normalen Elektronengases heranziehen und finden

$$\langle \boldsymbol{j}'(0) \rangle = -\boldsymbol{A}(0) \left[\frac{2e^2\hbar^2}{3m^2c} \frac{1}{\Omega} \sum_{\boldsymbol{k}} k^2 \frac{\partial f\big(\xi(\boldsymbol{k})\big)}{\partial \xi(\boldsymbol{k})} \right].$$

Daher gilt mit Rücksicht auf (6.71) und (6.70)

$$K(0, T) = \frac{4\pi n_e e^2}{mc^2} + \frac{4\pi e^2}{mc^2} \frac{2}{3\Omega} \sum_{\boldsymbol{k}} \frac{\hbar^2 k^2}{m} \frac{\partial f\big(\xi(\boldsymbol{k})\big)}{\partial \xi(\boldsymbol{k})}.$$

Man erkennt daran, welche Rolle die Lücke $\Delta(\boldsymbol{k}, T)$ im Spektrum der supraleitenden Elektronen für den MEISSNER-Effekt spielt: Für kleine Temperaturen ist

$$\frac{\partial f\big(\xi(\boldsymbol{k})\big)}{\partial \xi(\boldsymbol{k})} \approx -\beta \delta\big(\xi(\boldsymbol{k})\big),$$

und folglich verschwindet für $T \to 0$, da $\xi(\boldsymbol{k}) \geqq |\Delta(\boldsymbol{k}, T)|$ bleibt, der paramagnetische Stromanteil. Mit steigender Temperatur kompensiert nun der paramagnetische Stromanteil zunehmend den diamagnetischen, und für $T = T_c$ wird mit

$$\frac{2}{3\Omega} \sum_{\boldsymbol{k}} \frac{\hbar^2 \boldsymbol{k}^2}{m} \frac{\partial f\big(\hat{\xi}(\boldsymbol{k})\big)}{\partial \hat{\xi}(\boldsymbol{k})} = -n_e$$

diese Kompensation vollständig, und die Eindringtiefe des Magnetfeldes

$$\lambda_L(T) = K^{-2}(0, T)$$

geht gegen Unendlich, oder mit anderen Worten, die im Kapitel 3 von uns eingeführte „Dichte der supraleitenden Elektronen", für die wir jetzt

$$n_s(T) = n_e + \frac{2}{3\Omega} \sum_{\boldsymbol{k}} \frac{\hbar^2 k^2}{m} \frac{\partial f(\xi(\boldsymbol{k}))}{\partial \xi(\boldsymbol{k})}$$

gefunden haben, verschwindet.

Für endliche q hat man natürlich $K(\boldsymbol{q}, T)$ aus sämtlichen Termen, die aus $\mathscr{H}_W$ und dem Stromdichteoperator $\boldsymbol{j}(\boldsymbol{r})$ bei der Bogoljubow-Transformation hervorgehen, zu berechnen. Dabei zeigt sich, daß der Beitrag der „Interferenzterme" $u_{\boldsymbol{k}+\boldsymbol{q}/2}u_{\boldsymbol{k}-\boldsymbol{q}/2} - u_{\boldsymbol{k}-\boldsymbol{q}/2}v_{\boldsymbol{k}+\boldsymbol{q}/2}$ merklich wird, wenn q^{-1} in die Größenordnung der Kohärenzlänge

$$\xi_0 \approx \frac{\hbar v_F}{2\,|\Delta|} \approx 10^{-4}\ \text{cm}$$

kommt.

Verunreinigungen und die stets vorhandene Wechselwirkung der Elektronen mit den thermischen Gitterschwingungen sind von wesentlichem Einfluß auf den nichtlokalen Charakter der Beziehung zwischen $\boldsymbol{j}(\boldsymbol{q})$ und $\boldsymbol{A}(\boldsymbol{q})$, jedoch können wir hier darauf nicht eingehen.

6.4. *Dauerströme und Flußquantisierung*

Wir wenden uns nun der Frage zu, wie das Urphänomen der Supraleitung, nämlich die Existenz eines Zustandes mit verschwindendem elektrischem Widerstand, auf der Grundlage der BCS-Theorie verstanden werden kann.

Dazu erinnern wir uns zunächst daran, daß ein stromführender Zustand im normalen Metall durch eine im $\boldsymbol{k}$-Raum verschobene Fermi-Fläche charakterisiert wird (Abb. 20). Die um $\boldsymbol{k}_0$ verschobene Fermi-Kugel entspricht offenbar einem Elektronensystem, welches sich als Ganzes mit der Geschwindigkeit $\boldsymbol{v}_0 = \dfrac{\hbar \boldsymbol{k}_0}{m}$ bewegt und somit den Strom

$$\boldsymbol{j}_0 = \frac{2e}{\Omega} \sum \frac{\hbar \boldsymbol{k}}{m} = n_e e \boldsymbol{v}_0$$

trägt. Dieses System können wir aber auch durch Einteilchenzustände $\psi_{\boldsymbol{k}s}(\boldsymbol{r}', s')$ (5.9) charakterisieren, die eine unverschobene Fermi-Kugel füllen, aber zu den Quasiteilchenenergien $\varepsilon(k + \boldsymbol{k}_0)$ gehören:

$$\boldsymbol{j}_0 = \frac{2e}{\Omega} \sum \frac{1}{\hbar} \frac{\partial \varepsilon(\boldsymbol{k} + \boldsymbol{k}_0)}{\partial \boldsymbol{k}} = n_e e \boldsymbol{v}_0,$$

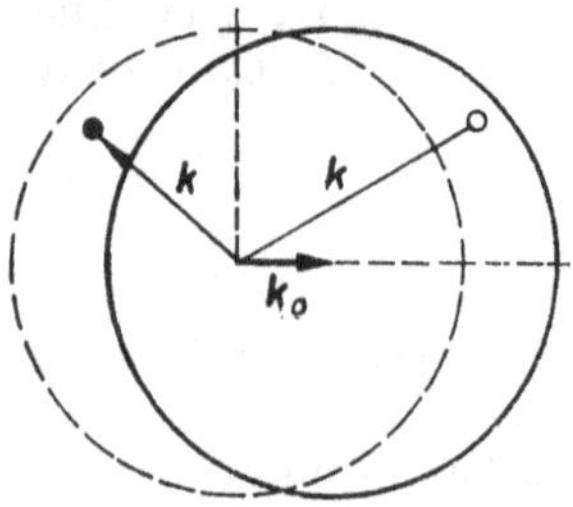

Abb. 20. Einem stromtragenden Elektronensystem entspricht eine im $\boldsymbol{k}$-Raum aus dem Nullpunkt verschobene Fermi-Kugel

was dem Übergang zu einem Koordinatensystem entspricht, welches sich mit der Geschwindigkeit $-\boldsymbol{v}_0$ bewegt. In einem solchen Koordinatensystem lautet der Operator (6.36)

$$\begin{aligned} \mathscr{H}'_{\text{red}} &= \sum_{\boldsymbol{k}s} \left(\hat{\varepsilon}(\boldsymbol{k} + \boldsymbol{k}_0) - \mu\right) a'^{+}_{\boldsymbol{k}s} a'_{\boldsymbol{k}s} \\ &+ \frac{1}{\Omega} \sum_{\boldsymbol{k}\boldsymbol{k}'} V(\boldsymbol{k}, \boldsymbol{k}')\, a'^{+}_{-\boldsymbol{k}\downarrow} a'^{+}_{\boldsymbol{k}\uparrow} a'_{\boldsymbol{k}'\uparrow} a'_{-\boldsymbol{k}'\downarrow}, \end{aligned} \qquad (6.73)$$

und der Grundzustand hat die Form (6.35) in den gestrichenen Größen, wobei in $u_{\boldsymbol{k}}'$ und $v_{\boldsymbol{k}}'$ jetzt überall $\xi(\boldsymbol{k} + \boldsymbol{k}_0)$ statt $\xi(\boldsymbol{k})$ eingeht. Schreiben wir dies mit Hilfe der Substitution $a_{\boldsymbol{k}}' \to a_{\boldsymbol{k}+\boldsymbol{k}_0}$ um, so lautet er also

$$|\Phi_{k0}\rangle = \prod_{k} \{u_k + v_k a^{+}_{\boldsymbol{k}+\boldsymbol{k}_0\uparrow} a^{+}_{-\boldsymbol{k}+\boldsymbol{k}_0\downarrow}\} |0\rangle. \qquad (6.73\text{a})$$

Hier bewegt sich der Massenmittelpunkt jedes einzelnen Elektronenpaares mit der Geschwindigkeit $\boldsymbol{v}_0$, und der Erwartungswert des Stromdichteoperators ist

$$\langle \Phi_{k0}| \, \boldsymbol{j}(\boldsymbol{r}) \, |\Phi_{k0}\rangle = \frac{2e}{\Omega} \sum_{\boldsymbol{k}} v_{\boldsymbol{k}}^2 \, \frac{\hbar \boldsymbol{k}_0}{m} = \frac{e}{\Omega} \langle \Phi_{k0}| \, N \, |\Phi_{k0}\rangle \, \boldsymbol{v}_0 .$$

Die Form des Operators (6.73) und seines Grundzustandes (6.73a) besagt anschaulich, daß die Fermi-Kugel die Energielücke bei der Verschiebung um $\boldsymbol{k}_0$ mitgenommen hat, das heißt, daß $\Delta'(\boldsymbol{k}) = \Delta(\boldsymbol{k} + \boldsymbol{k}_0)$ ist. Da dabei zugleich eine Erhöhung der Grundzustandsenergie um $\langle \Phi_{\boldsymbol{k}_0}| \, N \, |\Phi_{\boldsymbol{k}_0}\rangle \, \dfrac{\hbar^2 k_0^2}{2m}$ stattgefunden hat, kann der supraleitende Zustand keine beliebig großen Stromdichten tragen; damit der Zustand (6.74) energetisch tiefer liegt als der entsprechende normalleitende Zustand, muß offenbar (vgl. (6.47))

$$n_e \Omega \, \frac{\hbar^2 k_0^2}{2m} + \delta \varepsilon_0 < 0$$

sein, also mit (6.47)

$$k_0 < \sqrt{\frac{3}{2}} \, \frac{|\Delta|}{\hbar v_{\mathrm{F}}} \approx 1{,}23 \, \frac{|\Delta|}{\hbar v_{\mathrm{F}}} .$$

In den ungestrichenen Operatoren $a_{\boldsymbol{k}s}$ lautet der Operator (6.73)

$$\mathcal{H}'_{\mathrm{red}} = \sum_{\boldsymbol{k}s} \big(\hat{\varepsilon}(\boldsymbol{k}) - \mu \big) \, a^+_{\boldsymbol{k}s} a_{\boldsymbol{k}s}$$

$$+ \frac{1}{\Omega} \sum_{\boldsymbol{k}\boldsymbol{k}'} V(\boldsymbol{k}, \boldsymbol{k}') \, a^+_{-\boldsymbol{k}+\boldsymbol{k}_0\downarrow} a^+_{-\boldsymbol{k}+\boldsymbol{k}_0\uparrow} a_{\boldsymbol{k}'+\boldsymbol{k}_0\uparrow} a_{-\boldsymbol{k}'+\boldsymbol{k}_0\downarrow}$$

und kann in ganz analoger Weise diagonalisiert werden wie (6.36) durch die Bogoljubow-Transformation

$$\alpha_{\boldsymbol{k}} = u_{\boldsymbol{k}} a_{\boldsymbol{k}+\boldsymbol{k}_0\uparrow} - v_{\boldsymbol{k}} a^+_{-\boldsymbol{k}+\boldsymbol{k}_0\downarrow},$$

$$\beta_{\boldsymbol{k}} = u_{\boldsymbol{k}} a_{-\boldsymbol{k}+\boldsymbol{k}_0} + v_{\boldsymbol{k}} a^+_{\boldsymbol{k}+\boldsymbol{k}_0\uparrow} .$$

Dabei ergibt sich, daß an die Stelle der Anregungsenergien (6.32) jetzt

$$\xi_{\boldsymbol{k}0}(\boldsymbol{k}) \approx \sqrt{\xi^2(\boldsymbol{k}) + |\Delta(\boldsymbol{k})|^2} + \hbar(\boldsymbol{k}_0\boldsymbol{v}_\mathrm{F})$$

tritt, woraus wir erkennen, daß in einem stromführenden Supraleiter die Funktion $\Delta(\boldsymbol{k})$ nicht mit der Lücke im Energiespektrum identisch ist. Diese verschwindet offenbar für

$$\hbar k_0 v_\mathrm{F} = |\Delta|,$$

während nach unserer Abschätzung (6.74) die kritische Stromstärke, bei der die Supraleitung zusammenbricht, um etwa 2 Prozent höher liegt als diejenige, bei der sich die Lücke im Energiespektrum schließt.

Wesentlich für die Erscheinung der *lückenlosen Supraleitung* (*gapless superconductivity*) ist die Tatsache, daß das Vorliegen eines Zustandes vom Typ (6.74) nicht an die Existenz einer Energielücke geknüpft ist, andererseits aber gerade die Ursache für die Erscheinungen der Supraleitung und insbesondere des Verschwindens des elektrischen Widerstandes ist.

Nach G. RICKAYZEN „ist die unendlich gute Leitfähigkeit die am schwersten zu verstehende Eigenschaft der Supraleiter". Tatsächlich gibt es kein anschauliches allgemeines Argument, welches zeigt, warum die Streuprozesse, die im Normalzustand den elektrischen Widerstand hervorrufen, die Leitfähigkeit des Supraleiters nicht begrenzen. Es kann dies jeweils nur durch Rechnungen, auf die hier einzugehen nicht möglich ist, für einzelne Streumechanismen gezeigt werden. Soviel allerdings läßt sich wohl sagen, daß es die eigentümliche „Kohärenz" der Cooper-Paare im supraleitenden Zustand, die in (6.74) zum Ausdruck kommt, ist (vgl. Abschnitt 6.5.), die die Wirksamkeit der Streuprozesse außer Kraft setzt, indem sie die Wellenfunktion des Vielteilchensystems derart „starr" macht, daß eine Aufhebung des supraleitenden Zustandes nur durch den simultanen Übergang des ganzen Systems in den Normalzustand geschehen könnte, wofür die Übergangswahrscheinlichkeit minimal ist.

Nun wollen wir nochmals, jetzt vom Standpunkt der BCS-Theorie, das Phänomen der Flußquantisierung betrachten. Dazu untersuchen wir die Verhältnisse in einem supraleitenden unendlich langen Hohlzylinder. An die Stelle der Einteilchenfunktionen (5.9) treten jetzt Wellenfunktionen in Zylinderkoordinaten

$$\psi_{nk_zms}(r, z, \varphi, s') = \eta_s(s')\, u_{nk_z}(r, z)\, e^{im\varphi}. \tag{6.75}$$

Sie sind Eigenfunktionen zum Drehimpulsoperator

$$L_\varphi = \frac{\hbar}{i} \frac{\partial}{\partial\varphi}.$$

Wir fassen die Quantenzahlen n, k_z, m $(m = 0, \pm 1, \ldots)$ in dem Symbol α zusammen und schreiben den Hamilton-Operator (6.3) in auf die Wellenfunktionen (6.75) bezogenen Feldoperatoren

$$\mathscr{H} = \sum_{\alpha s} \tilde{\varepsilon}_\alpha a^+_{\alpha s} a_{\alpha s} + \frac{1}{2} \sum_{\substack{\alpha_1 \ldots \alpha_4 \\ ss'}} \langle \alpha_2\alpha_1 |V| \alpha_3\alpha_4\rangle\, a^+_{\alpha_1 s'} a^+_{\alpha_2 s} a_{\alpha_3 s} a_{\alpha_4 s'}. \tag{6.76}$$

Für den BCS-Grundzustand setzen wir an

$$|\Phi_0\rangle = \prod_\alpha \{u_\alpha + v_\alpha a^+_{nk_zm\uparrow} a^+_{n-k_z-m\downarrow}\}\, |0\rangle. \tag{6.77}$$

Ihm entspricht eine gewisse Grundzustandsenergie $\mathscr{E}_0$. Nun beachten wir, daß ein stromtragender Zustand des Zylinders mit einem Magnetfeld gekoppelt ist, welches wir durch das Vektorpotential $\boldsymbol{A}(\boldsymbol{r})$ beschreiben. Auf Grund des MEISSNER-Effekts ist jedoch im Zylinderkörper

$$\boldsymbol{B}(\boldsymbol{r}) = \operatorname{rot} \boldsymbol{A}(\boldsymbol{r}) = 0.$$

In der LONDON-Eichung, an der wir festhalten, ist außerdem im ganzen Raum

$$\operatorname{div} \boldsymbol{A}(\boldsymbol{r}) \equiv 0 .$$

Der magnetische Fluß, welcher von Ringströmen im Zylinder umschlossen wird, ist

$$\oint \boldsymbol{A}\, \mathrm{d}\boldsymbol{s} = \Phi \neq 0 . \tag{6.78}$$

Wir können demnach $\boldsymbol{A}(\boldsymbol{r})$ in der Form

$$\boldsymbol{A}(\boldsymbol{r}) = \operatorname{grad} \chi(\boldsymbol{r}) \tag{6.79}$$

ansetzen, wobei

$$\Delta \chi(\boldsymbol{r}) \equiv 0 \qquad \text{im Zylinderkörper,}$$

$$\frac{\partial \chi}{\partial n} = 0 \qquad \text{auf der Oberfläche des Zylinders}$$

gelten muß.

Allgemein enthält also der Hamilton-Operator des Systems ein solches Vektorpotential; an die Stelle von $\tilde{\mathscr{H}}$ tritt also $\tilde{\mathscr{H}}(\boldsymbol{A})$. Wir können das Vektorpotential jedoch aus $\tilde{\mathscr{H}}(\boldsymbol{A})$ eliminieren mittels der Transformation

$$\left.\begin{aligned} \tilde{\mathscr{H}}' &= U \tilde{\mathscr{H}}(\boldsymbol{A})\, U^{+}, \\ U &= \exp\left\{\frac{ie}{\hbar c} \sum_s \int \mathrm{d}^3\boldsymbol{r}\; \chi(\boldsymbol{r})\; \psi_s^{+}(\boldsymbol{r})\; \psi_s(\boldsymbol{r})\right\} \end{aligned}\right\} \tag{6.80}$$

mit den Feldoperatoren (5.18). Dabei hat $\tilde{\mathscr{H}}'$ als Funktional der neuen Feldoperatoren

$$a'_{nk\,ms} = U a_{nk\,ms} U^{+}$$

dieselbe Gestalt wie $\tilde{\mathscr{H}}$ als Funktional der alten Feldoperatoren (vgl. (6.76)). Zu $\tilde{\mathscr{H}}'$ gehört nun aber nicht notwendigerweise der Zustand

$$|\Phi_0'\rangle = U\, |\Phi_0\rangle . \tag{6.81}$$

Nun ist aber $\frac{hc}{|e|}$ gerade das Londonsche Flußquant, tatsächlich ist jedoch für den supraleitenden Zustand das halbe Londonsche Flußquant

$$\Phi_0 = \frac{hc}{2\,|e|}$$

charakteristisch.

Das Theorem von Byers und Yang besagt, daß für

$$\Phi = 2\nu\Phi_0 \qquad (\nu = 1, \ldots)$$

die freie Energie des Elektronensystems denselben Wert hat wie für $\Phi = 0$. Wir können nun zeigen, daß dies auch für die Flußwerte

$$\Phi = (2\nu + 1)\,\Phi_0 \qquad (\nu = 0, 1, 3, \ldots)$$

zutrifft. Dazu vernachlässigen wir die r-Abhängigkeit der Funktionen (6.75) und schreiben sie in der Form

$$\psi = \eta_s(s') \cdot \frac{1}{\sqrt{L}}\, e^{ikz} \cdot \frac{1}{\sqrt{2\pi}}\, e^{im\varphi}$$

(L: Normierungslänge). Für die Funktion $\chi(\boldsymbol{r})$ erhalten wir in diesem Falle

$$\chi(\boldsymbol{r}) = \frac{\Phi}{2\pi r_0}\,\varphi,$$

wobei r_0 der Radius des Zylinders ist. Der Hamilton-Operator enthält nun einen Anteil — er rührt von der kinetischen Energie her —, welcher sich durch die Drehimpulse $L_{\varphi i}$ der Elektronen ausdrücken läßt. Nehmen wir für $\tilde{\varepsilon}(\boldsymbol{k})$ ein einfaches Spektrum freier Teilchen an:

$$\tilde{\varepsilon}(k) = \frac{\hbar^2 k^2}{2m_0},$$

so lautet dieser Anteil des Hamilton-Operators

$$T_\varphi = \sum_i \frac{L_{\varphi i}^2}{2m_0 {r_0}^2} = \frac{\hbar^2}{2m_0 {r_0}^2} \sum_{kms} m^2 a_{kms}^+ a_{kms} \tag{6.83}$$

Der Zustand $|\Phi_0\rangle$ ändert sich nicht, wenn das ga System einmal um den Winkel 2π um die Zylinderac gedreht wird, d. h., es gilt

$$e^{-\frac{2\pi i}{\hbar}\mathscr{L}_\varphi}|\Phi_0\rangle = |\Phi_0\rangle, \qquad \left(\mathscr{L}_\varphi = \sum_i L_{\varphi i}\right).$$

Für den nach (6.81) gebildeten Zustand gilt dieses jed nicht notwendigerweise, es ist vielmehr

$$e^{-\frac{2\pi i}{\hbar}\mathscr{L}_\varphi} U e^{+\frac{2\pi i}{\hbar}\mathscr{L}_\varphi} = \exp\left\{\frac{ie}{\hbar c}\sum_s \int \mathrm{d}r\,\mathrm{d}z\,\mathrm{d}\varphi\, r\chi(r, z,\right.$$

$$\times\, \psi_s^+(r, z, \varphi - 2\pi)\, \psi_s(r, z, \varphi - 2$$

$$= \exp\left\{\frac{ie}{\hbar c}\sum_s \int \mathrm{d}r\,\mathrm{d}z\,\mathrm{d}\varphi\, r\chi(r, z, \varphi + 2\pi)\, \psi_s^+(\boldsymbol{r})\, \psi_s(\boldsymbol{r})\right\}$$

Nun ist

$$\chi(r, z, \varphi + 2\pi) = \chi(r, z, \varphi) + \Phi$$

wegen (6.78) und (6.79), also

$$e^{-\frac{2\pi i}{\hbar}\mathscr{L}_\varphi}|\Phi_0'\rangle = e^{\frac{ie}{\hbar c}\Phi}|\Phi_0\rangle.$$

Ist nun aber speziell

$$\Phi = \frac{hc}{|e|}\nu \qquad (\nu = 0, 1, \ldots),$$

so erfüllt

$$|\Phi_0'\rangle = U\,|\Phi_0\rangle$$

dieselbe Eigenwertgleichung mit denselben Randbed gungen wie $|\Phi_0\rangle$, d. h. $\tilde{\mathscr{H}}(\boldsymbol{A})$ hat dieselben Eigenwerte v $\tilde{\mathscr{H}}$, und die zugehörigen Eigenfunktionen sind die Fun tionen

$$|\Phi_0\rangle_{\boldsymbol{A}} = U^+\,|\Phi_0\rangle \qquad (6.8$$

(Theorem von Byers und Yang (1961)).

für $\Phi = 0$, und mit dem Zustand $|\Phi_0\rangle$ (vgl. (6.77)) gilt

$$\langle\Phi_0|\,T_\varphi\,|\Phi_0\rangle = \frac{\hbar^2}{m_0 r_0^2}\sum_\alpha v_\alpha^2 m^2. \tag{6.84}$$

Liegt der Fluß Φ vor, so haben wir statt (6.83)

$$\begin{aligned} T_\varphi &= \frac{1}{2m_0 r_0^2}\sum_i \left\{L_{\varphi i} - \frac{e\Phi}{hc}\right\}^2 \\ &= \frac{1}{2m_0 r_0^2}\sum_{kms}\left\{m - \frac{e\Phi}{hc}\right\}^2 a_{kms}^+ a_{kms} \end{aligned} \tag{6.85}$$

und insbesondere für

$$\Phi = \Phi_0:$$

erhalten wir

$$T_\varphi = \frac{\hbar^2}{2m_0 r_0^2}\sum_{kms}\left\{m + \frac{1}{2}\right\}^2 \cdot a_{kms}^+ a_{kms}.$$

Bilden wir nun den Erwartungswert dieses Operators mit dem Zustand

$$|\Phi_1\rangle = \prod_\alpha \{\tilde{u}_\alpha + \tilde{v}_\alpha a_{km-1\uparrow}^+ a_{-k-m\downarrow}^+\}\,|0\rangle, \tag{6.86}$$

so finden wir

$$\langle\Phi_1|\,T_\varphi\,|\Phi_1\rangle = \frac{\hbar^2}{m_0 r_0^2}\sum_\alpha \tilde{v}_\alpha^2\left\{m - \frac{1}{2}\right\}^2. \tag{6.87}$$

Die können wir in guter Näherung mit (6.84) in Übereinstimmung bringen, wenn wir in (6.86) und (6.87) $\tilde{v}_\alpha = v_{km-\frac{1}{2}}$ setzen und dann $m - \frac{1}{2} \to m$ schreiben. Da der Hauptbeitrag zu den Erwartungswerten von T_φ von den Beiträgen großer m herrührt, kann man so verfahren. Man überzeugt sich leicht, daß der Erwartungswert der potentiellen Energie in (6.76) mit $|\Phi_0\rangle$ und $|\Phi_1\rangle$ übereinstimmt.

Damit haben wir gezeigt, daß für $\Phi = \Phi_0$ mit der so getroffenen Wahl von $|\Phi_1\rangle$ die freie Energie ebenfalls denselben Wert wie für $\Phi = 0$ annimmt, für $\Phi = \{2\nu + 1\}\,\Phi_0$ hat man

$$|\Phi_{2\nu+1}\rangle = \prod_{km} \left\{u_{km-\frac{\nu}{2}} + v_{km-\frac{\nu}{2}}\, a^+_{km-\nu\uparrow} a^+_{-k-m\downarrow}\right\} |\Phi\rangle \qquad (6.88)$$

zu setzen. Mit Hilfe von (6.82) und (6.77) findet man, daß für $\Phi = 2\nu\Phi_0$ der entsprechende Zustand

$$|\Phi_{2\nu}\rangle = \prod_{km} \{u_{km} + v_{km} a^+_{km-\nu\uparrow} a^+_{-k-m-\nu\downarrow}\}\, |0\rangle \qquad (6.89)$$

ist.

Zum Nachweis der Flußquantisierung

$$\Phi = \nu\Phi. \qquad (\nu = 0, 1, \ldots) \qquad (6.90)$$

ist nun noch zu zeigen, daß die freie Energie für alle anderen als durch (6.90) gegebenen Werte des Flusses größer ist.

Dazu untersuchen wir die freie Energie für einen dem Wert $\boldsymbol{A}_\nu(\boldsymbol{r})$ des Vektorpotentials, welcher dem Fluß $\Phi = \Phi_\nu$ entspricht, benachbarten Wert $\boldsymbol{A}_\nu(\boldsymbol{r}) + \delta\boldsymbol{A}(\boldsymbol{r})$:

$$F\big(\boldsymbol{A}_\nu(\boldsymbol{r}) + \delta\boldsymbol{A}(\boldsymbol{r})\big)$$

$$= F\big(\boldsymbol{A}_\nu(\boldsymbol{r})\big) + \int \mathrm{d}^3\boldsymbol{r} \left\{\frac{\delta F\big(\boldsymbol{A}(\boldsymbol{r})\big)}{\delta\boldsymbol{A}(\boldsymbol{r})}\right\}_{\boldsymbol{A}=\boldsymbol{A}_\nu} \delta\boldsymbol{A}(\boldsymbol{r})$$

$$+ \frac{1}{2}\int \mathrm{d}^3\boldsymbol{r}\,\mathrm{d}^3\boldsymbol{r}' \left\{\frac{\delta^2 F\big(\boldsymbol{A}(\boldsymbol{r})\big)}{\delta\boldsymbol{A}(\boldsymbol{r})\,\delta\boldsymbol{A}(\boldsymbol{r}')}\right\}_{\boldsymbol{A}=\boldsymbol{A}_\nu} \delta\boldsymbol{A}(\boldsymbol{r})\,\delta\boldsymbol{A}(\boldsymbol{r}') + \cdots$$

Nun ist

$$\frac{\delta F\big(\boldsymbol{A}(\boldsymbol{r})\big)}{\delta\boldsymbol{A}(\boldsymbol{r})} = -\frac{1}{c}\,\boldsymbol{j}(\boldsymbol{r})\rangle.$$

Vernachlässigen wir das Eindringen des Magnetfeldes in den Zylinderkörper, so ist

$$\langle \boldsymbol{j}(\boldsymbol{r}) \rangle_{\boldsymbol{A}=\boldsymbol{A}_\nu} = 0,$$

wie man auch direkt durch Berechnung dieses Erwartungswertes mit den Zuständen (6.88) bzw. (6.89) bestätigt. Bezeichnen wir die durch $\delta\boldsymbol{A}(\boldsymbol{r})$ induzierte Stromdichte mit $\delta\langle \boldsymbol{j}(\boldsymbol{r}) \rangle_{\boldsymbol{A}_\nu+\delta\boldsymbol{A}}$, so bleibt also

$$\delta F\big(\boldsymbol{A}_\nu(\boldsymbol{r})\big) = F\big(\boldsymbol{A}_\nu(\boldsymbol{r}) + \delta\boldsymbol{A}(\boldsymbol{r})\big) - F\big(\boldsymbol{A}_\nu(\boldsymbol{r})\big)$$

$$= -\frac{1}{c}\int \mathrm{d}^3\boldsymbol{r}\,\delta\langle \boldsymbol{j}(\boldsymbol{r}) \rangle_{\boldsymbol{A}_\nu+\delta\boldsymbol{A}}\;\delta\boldsymbol{A}(\boldsymbol{r}).$$

Die induzierte Stromdichte selbst läßt sich nun mittels der Zustände (6.88) bzw. (6.89) störungstheoretisch berechnen, wobei sich auf Grund der „Starrheit“ dieser Zustände gegenüber der Störung die LONDONsche Gleichung

$$\delta\langle \boldsymbol{j}(\boldsymbol{r}) \rangle_{\boldsymbol{A}_\nu+\delta\boldsymbol{A}} = -\frac{n_e e^2}{mc}\,\delta\boldsymbol{A}(\boldsymbol{r})$$

ergibt in ganz analoger Weise, wie wir es im Abschnitt 6.3. für ein translationssymmetrisches System gefunden haben. Es ist also

$$\left\{\frac{\delta^2 F\big(\boldsymbol{A}(\boldsymbol{r})\big)}{\delta\boldsymbol{A}(\boldsymbol{r})\,\delta\boldsymbol{A}(\boldsymbol{r}')}\right\}_{\boldsymbol{A}=\boldsymbol{A}_\nu} = \frac{n_e e^2}{mc}\,\delta(\boldsymbol{r} - \boldsymbol{r}').$$

Daher finden wir schließlich

$$\delta F\big(\boldsymbol{A}, \boldsymbol{r})\big) = \frac{n_e e^2}{2mc^2}\int \mathrm{d}^3\boldsymbol{r}\,\{\delta\boldsymbol{A}(\boldsymbol{r})\}^2 > 0,$$

d. h., die freie Energie des Elektronensystems hat als Funktion des Flusses Φ Minima für die Werte $\Phi = \nu\Phi_0$ ($\nu = 0, 1, 2, \ldots$) (vgl. Abb. 21).

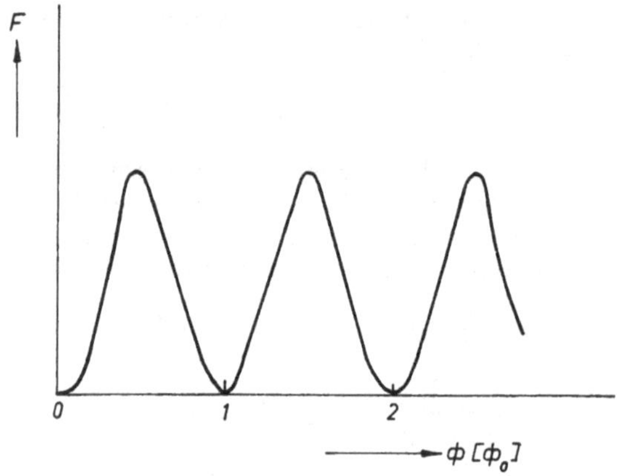

Abb. 21. Der periodische Verlauf der freien Energie eines supraleitenden Hohlzylinders als Funktion des magnetischen Flusses Φ. Die Periode beträgt ein elementares Flußquant Φ_0

6.5. *Der Ordnungszustand der supraleitenden Phase*

Wir betrachten zunächst wieder die Gleichung (6.59), etwas umgeschrieben:

$$\Delta(\boldsymbol{k}, T) + \frac{1}{2\Omega} \sum_{\boldsymbol{k}'} V(\boldsymbol{k}, \boldsymbol{k}') \times \frac{\tanh \frac{\beta}{2} \sqrt{\xi^2(\boldsymbol{k}') + |\Delta(\boldsymbol{k}', T)|^2}}{\sqrt{\xi^2(\boldsymbol{k}') + |\Delta(\boldsymbol{k}', T)|^2}} \Delta(\boldsymbol{k}', T) = 0,$$

und gehen davon aus, daß diese nichtlineare Gleichung nur eine nichttriviale Lösung besitzt, welche dann notwendig einen unbestimmten $\boldsymbol{k}$-unabhängigen Phasenfaktor enthalten muß, so daß wir schreiben können:

$$\Delta(\boldsymbol{k}, T) = |\Delta(\boldsymbol{k}, T)|\, e^{i\varphi}.$$

Wegen des Zusammenhanges (6.27) zwischen $\Delta(\boldsymbol{k}, T)$ und den Parametern $u_{\boldsymbol{k}}$ und $v_{\boldsymbol{k}}$ überträgt sich — wenn wir u_k reell annehmen — dieser Phasenfaktor auf v_k, so daß

$$v_k = |v_k| \, e^{i\varphi}$$

ist. Damit geht für $T = 0$ dieser Phasenfaktor auch in den Grundzustand (6.36) ein, den wir in der Form

$$|\Phi_0(\varphi)\rangle = \prod_k \{u_k + |v_k| \, e^{i\varphi} a^+_{k\uparrow} a^+_{-k\downarrow}\} \, |0\rangle \tag{6.91}$$

schreiben können und der sich offensichtlich *bezüglich der Phase φ als entartet* erweist. Führen wir die Konstante

$$\prod_k u_k = C \tag{6.92}$$

ein und beachten wir, daß

$$\{a^+_{k\uparrow} a^+_{-k\downarrow}\}^n = 0 \qquad \text{für} \qquad n > 1 \tag{6.93}$$

ist, so können wir (6.91) auch als

$$|\Phi_0(\varphi)\rangle = C \prod_k \sum_{n=0} \left(\frac{|v_k|}{u_k}\right)^n e^{in\varphi} \{a^+_{k\uparrow} a^+_{-k\downarrow}\}^n \, |0\rangle \tag{6.94}$$

schreiben. Da

$$[\{a^+_{k\uparrow} a^+_{-k\downarrow}\}, \{a^+_{k'\uparrow} a^+_{-k'\downarrow}\}] = 0$$

ist, ist (6.94) nichts anderes als die unter Beachtung von (6.93) entwickelte Form der noch kompakteren Darstellung

$$\boxed{|\Phi_0(\varphi)\rangle = C \exp \left\{\sum_k \frac{|v_k|}{u_k} \, e^{i\varphi} a^+_{k\uparrow} a^+_{-k\downarrow}\right\} |0\rangle.} \tag{6.95}$$

Es erweist sich also der Grundzustand der supraleitenden Phase in der Gestalt (6.94) bzw. (6.95) als eine Linearkombination von Zuständen zu den Elektronenzahlen

$N = 0, 2, 4, \ldots$, wobei das Spezielle dieser Linearkombination darin besteht, daß die relative Phase zweier sukzessiver Terme in (6.95) konstant gleich φ ist. Man spricht daher von einer *kohärenten* Linearkombination bzw. von $|\Phi_0(\varphi)\rangle$ als einem *kohärenten quantenmechanischen Zustand*. Er ist kein Eigenzustand zur Teilchenzahl N, es gilt vielmehr gemäß (6.94)

$$N\,|\Phi_0(\varphi)\rangle = \frac{2}{i}\,\frac{\partial}{\partial\varphi}\,|\Phi_0(\varphi)\rangle. \tag{6.96}$$

Wir benutzen dieses Resultat zur Berechnung der mittleren Schwankung

$$\langle\delta N\rangle = \sqrt{\langle\Phi_0(\varphi)\,|N^2|\,\Phi_0(\varphi)\rangle - \langle\Phi_0(\varphi)\,|N|\,\Phi_0(\varphi)\rangle^2} \tag{6.97}$$

der Teilchenzahl im Zustand $|\Phi_0(\varphi)\rangle$. Zunächst folgt aus (6.94) mit (6.92) und (6.96)

$$\langle\Phi_0(\varphi)|\,N\,|\Phi_0(\varphi)\rangle = 2\sum_{\boldsymbol{k}} |v_{\boldsymbol{k}}|^2.$$

Ferner ist nach (6.96) und (6.94)

$$\begin{aligned}N^2\,|\Phi_0(\varphi)\rangle &= -4\,\frac{\partial^2}{\partial\varphi^2}\,|\Phi_0(\varphi)\rangle\\ &= \sum_{\boldsymbol{k}} \frac{|v_{\boldsymbol{k}}|}{u_{\boldsymbol{k}}}\, e^{i\varphi} a^+_{\boldsymbol{k}\uparrow} a^+_{-\boldsymbol{k}\downarrow}\,|\Phi_0(\varphi)\rangle\\ &\quad + \left\{\sum_{\boldsymbol{k}} \frac{|v_{\boldsymbol{k}}|}{u_{\boldsymbol{k}}}\, e^{i\varphi} a^+_{\boldsymbol{k}\uparrow} a^+_{-\boldsymbol{k}\downarrow}\right\}^2 |\Phi_0(\varphi)\rangle,\end{aligned}$$

so daß

$$\begin{aligned}\langle\Phi_0(\varphi)|\,N^2\,|\Phi_0(\varphi)\rangle &= \langle\Phi_0(\varphi)|\,N\,|\Phi_0(\varphi)\rangle\\ &\quad + \langle\Phi_0(\varphi)|\,N\,|\Phi_0(\varphi)\rangle^2\end{aligned}$$

und daher nach (6.97)

$$\langle\delta N\rangle = \sqrt{\langle\Phi_0(\varphi)|\,N\,|\Phi_0(\varphi)\rangle} \tag{6.98}$$

ist.

Für die relative Schwankung besagt dies

$$\frac{\langle \delta N \rangle}{\langle N \rangle} = \frac{1}{\sqrt{\langle N \rangle}}, \tag{6.99}$$

d. h., die relative Schwankung der Teilchenzahl verschwindet mit $\langle N \rangle \to \infty$ wie $\frac{1}{\sqrt{\langle N \rangle}}$. Dies ist ein bekanntes Resultat für Systeme, welche durch eine großkanonische Gesamtheit beschrieben werden, deren Teilchenzahl unbestimmt ist auf Grund des Austausches von Teilchen zwischen dem System und einer durch das chemische Potential μ charakterisierten Vorratsflasche. Bei makroskopischen Systemen ist die relative Schwankung der Teilchenzahl nach (6.99) $\sim 10^{-11}$ und daher die in vieler Hinsicht äußerst praktische Verwendung der großkanonischen Gesamtheit auch in den Fällen gerechtfertigt, in denen auf Grund der experimentellen Bedingungen in einem makroskopischen System eine feste Teilchenzahl vorhanden ist.

Wie wir nun näher ausführen wollen, ist es das Vorliegen einer festen Phasenbeziehung zwischen den Summanden der Darstellungen (6.94) bzw. (6.95), durch welche der Ordnungszustand der supraleitenden Phase zum Ausdruck kommt.

Zur Vorbereitung betrachten wir als Beispiel irgendein System von Teilchen mit einem magnetischen Moment, welches bei einer Temperatur T_c in einen ferromagnetischen Zustand übergeht, so daß insbesondere auch sein Grundzustand ferromagnetisch ist. Das bedeutet, daß in diesem System dann ein Ordnungszustand herrscht, der darin besteht, daß die magnetischen Momente aller Teilchen parallel zueinander angeordnet sind. Diesen Ordnungszustand beschreiben wir durch einen sogenannten *Ordnungsparameter*, etwa das Skalarprodukt zwischen einem willkürlich gewählten Einheitsvektor $\boldsymbol{n}$ und dem Erwartungswert der Magnetisierung $\langle \boldsymbol{M} \rangle$ des Systems:

$$\mathcal{O} = (\boldsymbol{n}, \langle \boldsymbol{M} \rangle) = |\langle \boldsymbol{M} \rangle| \cdot \cos \varphi$$

(vgl. Abb. 22).

Ist das System keinem äußeren Einfluß ausgesetzt, so kann der Vektor $\langle \boldsymbol{M} \rangle$ jede beliebige Richtung annehmen, was nichts anderes bedeutet, als daß der Grundzustand der ferromagnetischen Phase bezüglich des Winkels φ *entartet* ist.

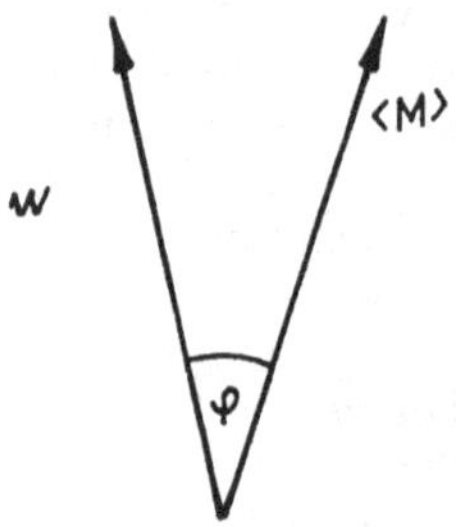

Abb. 22. Zum Ordnungsparameter einer ferromagnetischen Phase

Beachten wir nun, daß die quantenstatistische Mittelung bei der Berechnung von $\langle \boldsymbol{M} \rangle$ auf Grund dieser Entartung auch eine Mittelung über φ einschließt, so erwarten wir, daß in der ferromagnetischen Phase infolge der Unbestimmtheit von φ sich

$$\langle \boldsymbol{M} \rangle = 0$$

ergibt, natürlich aber $\langle |\boldsymbol{M}| \rangle \neq 0$ sein muß. Letzteres kann sofort nachgewiesen werden, wenn man die Entartung des Systems bezüglich φ dadurch aufhebt, daß man das System einem Magnetfeld aussetzt, welches die magnetischen Momente nunmehr alle parallel zu sich ausrichtet, so daß die Mittelung über φ entfällt und $\langle \boldsymbol{M} \rangle = |\langle \boldsymbol{M} \rangle| \cdot \boldsymbol{n}$ resultiert.

Versuchen wir nun, diese Überlegungen auf das supraleitende, durch den Grundzustand (6.91) charakterisierte System zu übertragen, so konstatieren wir als erstes, daß die Phase φ eine Größe ist, bezüglich derer dieser Zustand entartet ist, und wir vermuten, daß es die Funktion $\Delta(\boldsymbol{k}, T) = |\Delta(\boldsymbol{k}, T)|\, e^{i\varphi}$ ist, welche hier die Rolle der Magnetisierung $\boldsymbol{M}$ bei der Übertragung des Bildes vom ferromagnetischen System auf das supraleitende übernehmen wird. Dabei stehen wir vor der Schwierigkeit, daß wir keine Meßvorschrift für $\Delta(\boldsymbol{k}, T)$ angeben können und somit auch keine Möglichkeit haben, die Entartung des Zustandes (6.91) in einer einfachen Weise aufzuheben, die dem Vorgehen beim ferromagnetischen System unmittelbar entspräche. Mit anderen Worten: Während der ferromagnetische Phasenübergang in klassisch anschaulicher Weise beschrieben werden kann, ist dies für den Übergang in den durch (6.91) charakterisierten supraleitenden Zustand nicht unmittelbar möglich, weil dem Ordnungsparameter $\Delta(\boldsymbol{k}, T)$ keine klassische Observable korrespondiert.

Um unsere Analogie ungeachtet dieser Schwierigkeit dennoch auszubauen, definieren wir zunächst einen Operator Δ, dessen Erwartungswert (wir beschränken uns auf $T = 0$) gerade die Funktion $\Delta(\boldsymbol{k})$ ist:

$$\Delta(\boldsymbol{k}) = \frac{1}{\Omega} \sum_{\boldsymbol{k}'} V(\boldsymbol{k}, \boldsymbol{k}')\, a_{\boldsymbol{k}'\uparrow} a_{-\boldsymbol{k}'\downarrow}. \tag{6.100}$$

Mit (6.91) und (6.26) bestätigt man sofort

$$\langle \Phi_0(\varphi) | \Delta(\boldsymbol{k}) | \Phi_0(\varphi) \rangle = -\frac{1}{\Omega} \sum_{\boldsymbol{k}'} V(\boldsymbol{k}, \boldsymbol{k}')\, u_{\boldsymbol{k}'} |v_{\boldsymbol{k}'}|\, e^{i\varphi} \equiv \Delta(\boldsymbol{k}), \tag{6.101}$$

und sieht, daß dieser Erwartungswert nur dann von Null verschieden ist, wenn sich das System tatsächlich in dem Zustand $|\Phi_0(\varphi)\rangle$ befindet und die Entartung bezüglich φ aufgehoben ist, so daß die statistische Mittelung keine Integration über φ impliziert.

Wir betrachten nun den Operator

$$\tilde{\mathscr{H}} = \mathscr{H}_{\text{red}} - \sum_{\boldsymbol{k}} \{Q^*(\boldsymbol{k})\, \Delta(\boldsymbol{k}) + Q(\boldsymbol{k})\, \Delta^+(\boldsymbol{k})\} \tag{6.102}$$

mit (6.37). Darin ist

$$Q(\boldsymbol{k}) = |Q(\boldsymbol{k})|\, e^{i\psi} \tag{6.103}$$

eine im übrigen beliebige Funktion von $\boldsymbol{k}$, und der Term

$$\mathscr{H}_Q = -\frac{1}{\Omega} \sum_{\boldsymbol{k}\boldsymbol{k}'} \{Q^*(\boldsymbol{k})\, V(\boldsymbol{k}, \boldsymbol{k}')\, a_{\boldsymbol{k}'\uparrow} a_{-\boldsymbol{k}'\downarrow} + Q(\boldsymbol{k})\, V(\boldsymbol{k}, \boldsymbol{k}')\, a^+_{-\boldsymbol{k}'\downarrow} a^+_{\boldsymbol{k}'\uparrow}\} \tag{6.104}$$

in (6.102) kann offenbar als Wechselwirkung einer Quelle — bzw. Senke — von COOPER-Paaren mit dem System verstanden werden.

Um dies deutlicher zu sehen, untersuchen wir die Bewegungsgleichung des Teilchenzahloperators auf Grund des Hamilton-Operators (6.102). Da wir in $\mathscr{H}_{\text{red}}$ den Term $-\mu N$ einbezogen haben, lautet diese

$$i\hbar \frac{dN}{dt} = [N, \tilde{\mathscr{H}} + \mu N], \tag{6.105}$$

und mit (6.102) finden wir

$$\frac{dN}{dt} = -\sum_{\boldsymbol{k}} \{Q^*(\boldsymbol{k})\, [N, \Delta(\boldsymbol{k})] + Q(\boldsymbol{k})\, [N, \Delta^+(\boldsymbol{k})]\}.$$

Nun ist

$$[N, \Delta(\boldsymbol{k})] = -2\Delta(\boldsymbol{k}) \tag{6.106}$$

und also

$$i\hbar \frac{dN}{dt} = 2 \sum_{\boldsymbol{k}} \{Q(\boldsymbol{k})\, \Delta(\boldsymbol{k}) - Q^*(\boldsymbol{k})\, \Delta^+(\boldsymbol{k})\}. \tag{6.107}$$

Bilden wir nun den Erwartungswert von (6.107) mit (6.91) und beachten (6.101), so erhalten wir

$$\langle \Phi_0(\varphi)|\, \frac{dN}{dt}\, |\Phi_0(\varphi)\rangle = \frac{4}{\hbar} \sum_{\boldsymbol{k}} |Q(\boldsymbol{k})\, \Delta(\boldsymbol{k})| \sin(\varphi - \psi). \tag{6.108}$$

Dieses Ergebnis besagt, daß zwischen dem System und der Quelle ein Teilchenstrom fließt, wenn zwischen der die Quelle charakterisierenden Funktion (6.103) und der Funktion $\Delta(\boldsymbol{k})$ (vgl. (6.101)) eine endliche Phasendifferenz besteht.

Mit dem Zustand (6.91) bilden wir nun den Erwartungswert

$$\tilde{\Omega}_\varphi(\mu, 0) = \langle \Phi_0(\varphi) | \tilde{\mathscr{K}} | \Phi_0(\varphi) \rangle,$$

wobei wir den Beitrag $\mathscr{H}_Q$ der Wechselwirkung mit der Quelle in erster störungstheoretischer Näherung betrachten. Dann finden wir mit (6.102)

$$\tilde{\Omega}_\varphi(\mu, 0) = \Omega(\mu, 0) - 2 \sum_{\boldsymbol{k}} |Q(\boldsymbol{k})\, \Delta(\boldsymbol{k})| \cos(\varphi - \psi) \quad (6.109)$$

und sehen, daß im Zustand des Gleichgewichts zwischen dem System und der Quelle der Teilchenstrom verschwindet, weil in diesem Falle die Phasen φ und ψ übereinstimmen müssen, damit $\tilde{\Omega}_\varphi(\mu, 0)$ als Funktion von φ minimal ist.

Wir überlegen nun, was das Charakteristische für die Festlegung des Ordnungsparameters, also die Aufhebung der Entartung des Grundzustandes der ferromagnetischen bzw. der supraleitenden Phase ist. In ersterer wird durch das Einschalten des Magnetfeldes die Symmetrie des Systems gegenüber beliebigen Drehungen im Spinraum gebrochen, so daß der Hamilton-Operator nicht mehr gegenüber den unitären Transformationen

$$U = e^{\frac{i}{\hbar}(\boldsymbol{\alpha}, \boldsymbol{s})}$$

invariant ist, wobei $\boldsymbol{s}$ den Operator des Gesamtspins und $\boldsymbol{\alpha}$ einen Drehvektor bezeichnet. Im Falle des Supraleiters bewirkt die Kopplung an eine Quelle von Cooper-Paaren, daß der Operator $\tilde{\mathscr{K}}$ nicht mehr mit dem Teilchenzahloperator N vertauschbar ist. Dies stellt ebenfalls eine *Symmetriebrechung* dar, nämlich die Verletzung der Invarianz gegenüber der globalen Eichtransformation

$$U = e^{iN\varphi}$$

der Phase der Wellenfunktion.

Wir wollen nun der Bewegungsgleichung (6.108) für den Erwartungswert des Teilchenzahloperators eine entsprechende Gleichung für den Erwartungswert des Operators $\Delta(\boldsymbol{k})$ bzw. der Funktion $\Delta(\boldsymbol{k})$ an die Seite stellen. In Analogie zu (6.105) lautet die Bewegungsgleichung für den Operator $\Delta(\boldsymbol{k})$

$$i\hbar \frac{\mathrm{d}\Delta(\boldsymbol{k})}{\mathrm{d}t} = [\Delta(\boldsymbol{k}), \tilde{\mathcal{H}} + \mu N]. \tag{6.110}$$

Daraus folgt mit (6.102)

$$\langle \Phi_0(\varphi) | \frac{\mathrm{d}\Delta(\boldsymbol{k})}{\mathrm{d}t} | \Phi_0(\varphi) \rangle = -\frac{i}{\hbar} \mu \langle \Phi_0(\varphi) | [\Delta(\boldsymbol{k}), N] | \Phi_0(\varphi) \rangle$$

und also mit (6.101) und (6.106)

$$\langle \Phi_0(\varphi) | \frac{\mathrm{d}\Delta(\boldsymbol{k})}{\mathrm{d}t} | \Phi_0(\varphi) \rangle = -\frac{i}{\hbar} 2\mu \Delta(\boldsymbol{k}). \tag{6.111}$$

Gemäß dieser Bewegungsgleichung ist der Erwartungswert des Operators $\Delta(\boldsymbol{k})$ mit dem Zustand (6.91) die zeitabhängige Funktion

$$\Delta(\boldsymbol{k}, t) = e^{-i\frac{2\mu}{\hbar}t} \Delta(\boldsymbol{k}). \tag{6.112}$$

Definieren wir den Erwartungswert

$$N_{\mathrm{P}}(t) = \frac{1}{2} \langle \Phi_0(\varphi) | N | \Phi_0(\varphi) \rangle, \tag{6.113}$$

so genügen die Funktionen $\Delta(\boldsymbol{k}, t)$ und $N_{\mathrm{P}}(t)$ zufolge

(6.108) und (6.111) den Gleichungen

$$\frac{\mathrm{d}N_{\mathrm{P}}(t)}{\mathrm{d}t} = \frac{2}{\hbar} \sum_{\boldsymbol{k}} |Q(\boldsymbol{k})\, \Delta(\boldsymbol{k})| \sin(\varphi - \psi),$$

$$\frac{\mathrm{d}\Delta(\boldsymbol{k}, t)}{\mathrm{d}t} = -i\, \frac{2\mu}{\hbar}\, \Delta(\boldsymbol{k}, t). \tag{6.114}$$

Der bemerkenswerte Zusammenhang, der zwischen diesen beiden Gleichungen besteht, wird deutlich, wenn wir die Größe

$$H(N_{\mathrm{P}}, \varphi) = \langle \Phi_0(\varphi)|\, \tilde{\mathscr{H}} + \mu N\, |\Phi_0(\varphi)\rangle$$

einführen, also mit (6.109):

$$H(N_{\mathrm{P}}, \varphi) = \Omega(\mu, 0) - 2 \sum_{\boldsymbol{k}} |Q(\boldsymbol{k})\, \Delta(\boldsymbol{k})| \cos(\varphi - \psi) + 2\mu N_{\mathrm{P}}.$$

Definieren wir die zeitabhängigen Phasen

$$\varphi(t) = \varphi - \frac{2\mu}{\hbar}\, t, \tag{6.115}$$

$$\psi(t) = \psi - \frac{2\mu}{\hbar}\, t,$$

so ist also

$$H(N_{\mathrm{P}}, \varphi) = H\big(N_{\mathrm{P}}, t), \varphi(t)\big) = \Omega(\mu, 0) - 2 \sum_{\boldsymbol{k}} |Q(\boldsymbol{k})\, \Delta(\boldsymbol{k})| \cos\big(\varphi(t) - \psi(t)\big) + 2\mu N_{\mathrm{P}}(t). \tag{6.116}$$

Mit dieser Funktion und mit der (6.112) entsprechenden Relation (6.112)

$$\Delta(\boldsymbol{k}, t) = |\Delta(\boldsymbol{k})|\, \mathrm{e}^{i\varphi(t)} \tag{6.117}$$

ist das Gleichungssystem (6.114) gleichbedeutend mit

$$\boxed{\begin{aligned} \frac{\mathrm{d}N_\mathrm{P}(t)}{\mathrm{d}t} &= \frac{\partial H(N_\mathrm{P}, \varphi)}{\partial \hbar\varphi}, \\ \frac{\mathrm{d}\hbar\varphi(t)}{\mathrm{d}t} &= -\frac{\partial H(N_\mathrm{P}, \varphi)}{\partial N_\mathrm{P}}. \end{aligned}} \tag{6.118}$$

Dieses Gleichungssystem hat den Charakter von Hamiltonschen Gleichungen für die kanonisch konjugierten klassischen Variablen N_P und φ. Die zugehörige Hamilton-Funktion ist durch (6.116) gegeben.

Im Hinblick auf spätere Überlegungen wollen wir noch anmerken, daß in dem durch den Operator $\tilde{\mathscr{H}} + \mu N$, welcher in die Bewegungsgleichungen (6.105) und (6.110) eingeht, erzeugten Heisenberg-Bild eine stationäre Cooper-Paar-Quelle durch die Quellfunktion

$$Q(\boldsymbol{k}, t) = |Q(\boldsymbol{k})| \, \mathrm{e}^{i\psi(t)} \tag{6.119}$$

mit (6.115)

$$\psi(t) = \psi - \frac{2\mu}{\hbar} t$$

charakterisiert wird.

7. Makroskopische Kohärenz- und Interferenzeffekte

7.1. *Die Josephson-Effekte*

Es erhebt sich nun die Frage nach einer praktischen Möglichkeit zur Realisierung eines supraleitenden Zustandes (6.91) mit einer definierten Phase φ bzw. einer Anordnung, in der ein Supraleiter in Kontakt mit einer Cooper-Paar-Quelle ist und sich ein Zustand mit definierter Phasendifferenz δ zwischen dem Supraleiter und was der störungstheoretischen Behandlung der Kopplung zwischen den Supraleitern entspricht, welche wir als schwach annehmen wollen, so erhalten wir die klassische Hamilton-Funktion des Tunnelkontaktes

$$\boxed{\begin{aligned} &H_{12}(\varphi_1, \varphi_2, N_P^{(1)}, N_P^{(2)}) \\ &= \Omega_1(\mu_1, 0) + \Omega_2(\mu_2, 0) - \tilde{K}_{12} \cos(\varphi_1 - \varphi_2) \\ &\quad + 2\mu_1 N_P^{(1)} + 2\mu_2 N_P^{(2)} \end{aligned}} \tag{7.2}$$

mit der Abkürzung $\tilde{K}_{12} = \sum_{\boldsymbol{k}_1 \boldsymbol{k}_2} K_{12} \, |\Delta(\boldsymbol{k}_1)| \, |\Delta(\boldsymbol{k}_2)|$.

Sie erzeugt das System von kanonischen Gleichungen

$$\frac{\mathrm{d}N_P^{(1)}(t)}{\mathrm{d}t} = \frac{1}{\hbar} \tilde{K}_{12} \sin(\varphi_1 - \varphi_2), \tag{7.3}$$

$$\frac{\mathrm{d}N_P^{(2)}(t)}{\mathrm{d}t} = -\frac{1}{\hbar} \tilde{K}_{12} \sin(\varphi_1 - \varphi_2), \tag{7.4}$$

$$\frac{\mathrm{d}\varphi_1}{\mathrm{d}t} = -\frac{2\mu_1}{\hbar}, \tag{7.5}$$

$$\frac{\mathrm{d}\varphi_2}{\mathrm{d}t} = -\frac{2\mu_2}{\hbar}. \tag{7.6}$$

Aus (7.3) und (7.4) folgt zunächst die Erhaltung der Gesamtteilchenzahl

$$\frac{\mathrm{d}N_P^{(1)}}{\mathrm{d}t} + \frac{\mathrm{d}N_P^{(2)}}{\mathrm{d}t} = 0,$$

und aus (7.5) und (7.6) erhalten wir eine Bewegungsgleichung für die Phasendifferenz

$$\boxed{\frac{\mathrm{d}(\varphi_1 - \varphi_2)}{\mathrm{d}t} = -\frac{2}{\hbar} (\mu_1 - \mu_2).} \tag{7.7}$$

der Quelle, $\delta = \varphi - \psi$, einstellt. Diese Frage fand ihre Beantwortung in den Voraussagen von B. D SEPHSON über das Verhalten von Tunnelkontakte denen zwei Supraleiter durch eine dünne isolie Schicht voneinander getrennt sind. Ist die Schich dünn genug ($d \approx 10^{-7}$ cm), so sollte die Möglichke stehen, daß Elektronen paarweise, d. h. als Co Paare, durch quantenmechanischen Tunneleffekt dem einen Supraleiter durch die isolierende Schicht i anderen übertreten, d. h., der Supraleiter 2 (z. B.) als Paar-Quelle bzw. Senke für den Supraleiter 1 (Abl Wir können dann unmittelbar die Ergebnisse des vc Kapitels zur Erklärung der Eigenschaften eines so JOSEPHSON-*Kontaktes* heranziehen. Dazu brauche nur die Quellfunktion $Q(\boldsymbol{k}, t)$ (siehe (6.119)) proport zur Funktion $\Delta(\boldsymbol{k}, t)$ (vgl. (6.117)) des Supraleiters setzen:

$$Q(\boldsymbol{k}, t) = \frac{1}{2} K_{12} \Delta_2(\boldsymbol{k}, t).$$

Dabei beschreibt der (reelle) Parameter K_{12} die Kop zwischen den beiden Supraleitern 1 und 2, welche Überlappungsgrad der Wellenfunktionen $|\Phi_0(\varphi)\rangle_1$ Supraleiters 1 mit der Wellenfunktion des Supraleit $|\Phi_0(\psi)\rangle_2$, in der isolierten Schicht entspricht.

Im Schrödinger-Bild beschreiben wir den JOSEP Kontakt also durch den Operator (vgl. (6.102))

$$\boxed{\mathscr{K}_{12} = \mathscr{K}^{(1)}_{\text{red}} + \tilde{\mathscr{K}}^{(2)}_{\text{red}} - \frac{1}{2} K_{12}\{\Delta_1\Delta_2^+ + \Delta_2\Delta_1^+\}.}$$

Bilden wir den Erwartungswert mit dem Zustand n Ordnung

$$|\Phi_0(\varphi_1, \varphi_2)\rangle = |\Phi_0(\varphi_1)\rangle_1 \, |\Phi_0(\varphi_2)\rangle_2,$$

Die Gleichung (7.3) ist die Beziehung zwischen Strom I und der Phasendifferenz:

$$I = \frac{2}{\hbar} \tilde{K}_{12} \sin(\varphi_1 - \varphi_2). \tag{7.8}$$

Die Gleichungen (7.7) und (7.8) bezeichnet man als JOSEPHSON-*Gleichungen*.

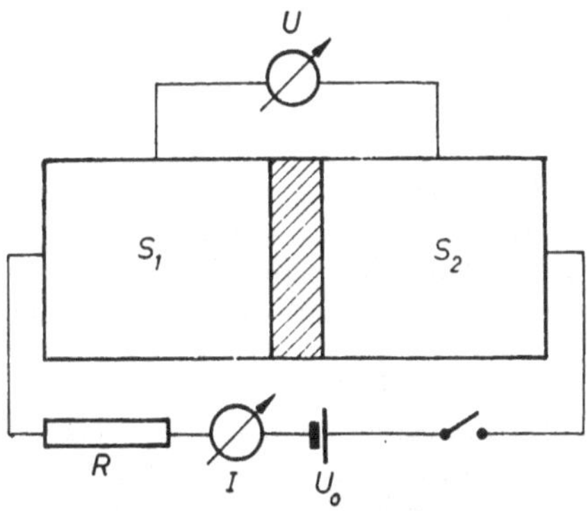

Abb. 23. JOSEPHSON-Kontakt aus zwei Supraleitern, die durch eine dünne isolierende Schicht getrennt sind

Betrachten wir nun die aus diesen Gleichungen folgenden Voraussagen über das Verhalten eines Tunnelkontaktes:
Fließt kein Strom durch den Kontakt, so ist

$$\varphi_1(t) - \varphi_2(t) = 0$$

und

$$\mu_1 - \mu_2 = 0,$$

zwischen beiden Supraleitern besteht keine Phasendifferenz und keine Differenz der chemischen Potentiale. Schließen wir nun den Schalter des Stromkreises in Abbildung 23 und lassen so einen Strom I fließen, welcher kleiner ist als der Maximalstrom I_{max}:

$$|I| \leqq |I_{max}| = \frac{2}{\hbar} |\tilde{K}_{12}|,$$

so stellt sich eine durch (7.8) bestimmte Phasendifferenz her, welche zeitlich konstant ist, so daß nach (7.7) nach wie vor $\mu_1 = \mu_2$ ist, d. h., die am Kontakt abfallende Spannung

$$U = \frac{1}{|e|} (\mu_1 - \mu_2)$$

verschwindet, der Strom fließt widerstandslos durch die Isolatorschicht!

Über das, was geschieht, wenn man den Strom durch Reduktion des äußeren Widerstandes auf Werte $> I_{max}$ steigert, macht unsere Darstellung der Theorie keine Aussage, offensichtlich sind derartige Ströme mit einer Phasenkohärenz zwischen den Supraleitern nicht vereinbar, was wir so deuten, daß in diesem Falle die Elektronen nicht als Cooper-Paare, sondern als einzelne Teilchen durch den Kontakt tunneln. Dieses Tunneln wurde von Giaever 1960 beobachtet. Es kann wegen des Fehlens von Zuständen im Energiebereich $|E_1 - \mu_1| \leqq |\Delta_1|$ und $|E_2 - \mu_2| \leqq |\Delta_2|$ nur geschehen, wenn am Kontakt eine Spannung (bei $T = 0$)

$$U_{min} \geqq \frac{1}{|e|} \{|\Delta_1| + |\Delta_2|\}$$

anliegt. Dann verhält sich der Kontakt wie ein Ohmscher Widerstand (vgl. Abb. 24). Ist also $U_0 - IR > U_{min}$ und $I > I_{max}$, so verhält sich der Kontakt ohmsch, ist $U_0 - I_{max}R = U_{min}$, so wird $I = 0$, und es kann kein Strom fließen bei $T = 0$, tatsächlich fließt bei endlichen Temperaturen ein kleiner Strom auf Grund der thermischen Auflockerung der Fermi-Kanten in den Supraleitern. Der Josephson-Kontakt zeigt also idealisiert die

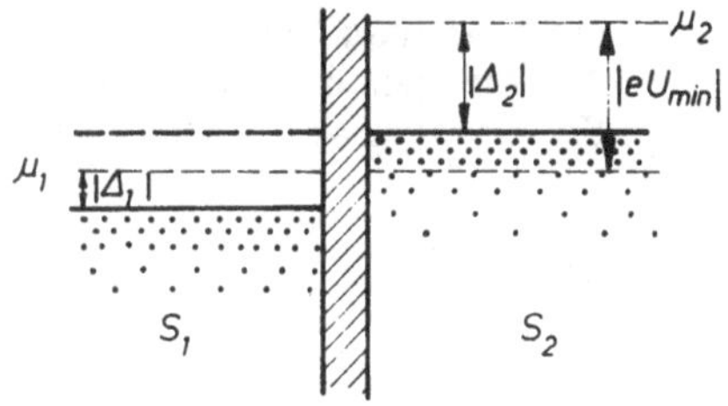

Abb. 24. Zum gewöhnlichen Tunneleffekt zwischen schwach gekoppelten Supraleitern

in Abbildung 25 dargestellte Strom-Spannungscharakteristik.

Der erste experimentelle Nachweis des JOSEPHSON-Gleichstroms gelang ANDERSON und ROWELL (1963).

Ein weiterer Effekt wurde von JOSEPHSON vorhergesagt, falls an den Kontakt eine Gleichspannung V_0 über einen hohen Außenwiderstand R (vgl. Abb. 26) angelegt wird. In diesem Falle beobachtet man das Fließen eines Wechselstroms

$$I = I_0 \sin \omega t$$

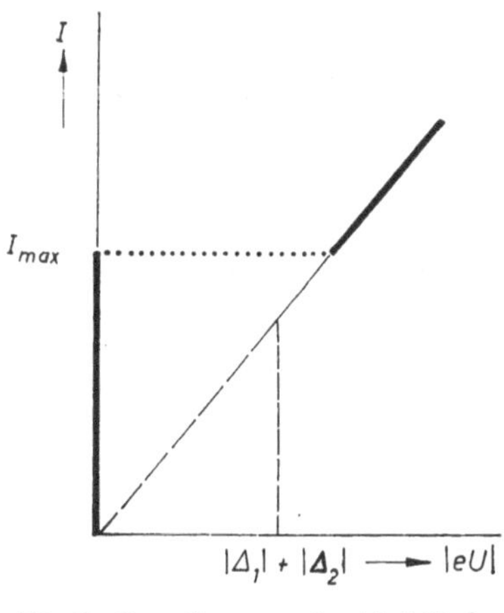

Abb. 25. Strom-Spannungscharakteristik des Gleichstrom-JOSEPHSON-Effekts

durch den Kontakt. Dies ergibt sich aus der JOSEPHSON-Gleichung (7.7). Durch das Anlegen der Spannung V erhält man zwischen den Supraleitern eine Differenz der chemischen Potentiale

$$\mu_1 - \mu_2 = eV_0$$

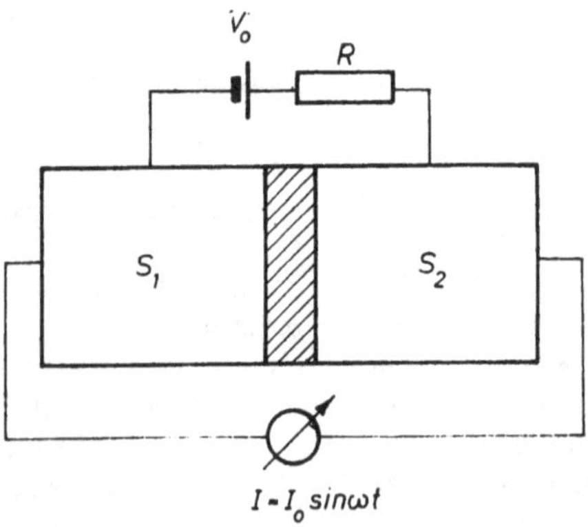

Abb. 26. Tunnelkontakt zur Beobachtung des Wechselstrom-JOSEPHSON-Effekts

aufrecht. Die Phasendifferenz ist daher gemäß (7.7) zeitlich veränderlich:

$$\varphi_1(t) - \varphi_2(t) = \frac{2\,|e|}{\hbar}\,V_0 t + \alpha\,.$$

Aus der anderen JOSEPHSON-Gleichung resultiert daher

$$I = \frac{2}{\hbar}\,\tilde{K}_{12} \sin\,(\omega t + \alpha)$$

mit

$$\omega = \frac{2\,|e|}{\hbar}\,V_0.$$

Da

$$\left|\frac{2e}{\hbar}\right| = 483{,}6\ \text{MHz}/\mu\text{V}$$

ist, handelt es sich um einen Wechselstrom im Mikrowellenbereich, welcher zu einer entsprechenden elektromagnetischen Ausstrahlung des Kontaktes Anlaß gibt, deren Leistung äußerst gering ist, und zwar von der Größenordnung 10^{-11} Watt. Der direkte Nachweis dieser Strahlung gelang YANSON, SVISTUNOV und DMITRENKO (1965) sowie LANGENBERG, SCALAPINO und TAYLOR (1965) mit einer Nachweisempfindlichkeit von 10^{-16} Watt, was einer Lichtleistung entspricht, die auf das menschliche Auge von einer 100 W-Glühlampe aus 500 km Entfernung eingestrahlt wird. Auf vorausgegangene indirekte Nachweise des JOSEPHSON-Wechselstroms kommen wir noch zu sprechen.

Während das Auftreten des JOSEPHSON-Wechselstroms als zwingendes Indiz für das Tunneln der COOPER-Paare durch die Isolierschicht bzw. die Phasenkohärenz der supraleitenden Zustände über dieselbe hinweg gelten muß, trifft dies für den Gleichstrom-JOSEPHSON-Effekt nicht ohne weiteres zu. Eine Kennlinie der in Abbildung 25 dargestellten Art würde auch entstehen, wenn die Supraleiter durch eine dünne supraleitende Brücke verbunden wären, welche beim Erreichen einer kritischen Stromstärke infolge des Eindringens des Magnetfeldes (vgl. Kap. 3) schließlich normalleitend wird. JOSEPHSON sagte jedoch ein spezielles Verhalten des Tunnelstroms in einem Magnetfeld voraus, welches eine derartige Deutung ausschließt und wiederum die Natur der Phasenkohärenz des supraleitenden Zustandes hervortreten läßt.

Wir erinnern uns, daß bei vollständigem MEISSNER-Effekt das Vektorpotential $\boldsymbol{A}(\boldsymbol{r})$ eines Magnetfeldes aus dem Hamilton-Operator eliminiert werden kann mittels der Transformation (6.80)

$$U = \exp\left\{\frac{ie}{\hbar c}\sum_s \int d^3\boldsymbol{r}\,\chi(\boldsymbol{r})\;\psi_s^+(\boldsymbol{r})\psi_s(\boldsymbol{r})\right\}, \qquad (7.9)$$

wobei $\chi(\boldsymbol{r})$ eine Funktion ist, aus welcher sich das Vektorpotential $\boldsymbol{A}(\boldsymbol{r})$ gemäß

$$\boldsymbol{A}(\boldsymbol{r}) = \operatorname{grad} \chi(\boldsymbol{r}) \tag{7.10}$$

herleiten läßt. Ferner wollen wir der Einfachheit halber durch eine Verschärfung des BCS-Modells das Potential $V(\boldsymbol{k}, \boldsymbol{k}')$ (vgl. (6.39)) durch eine Konstante ersetzen und schreiben

$$V(\boldsymbol{k}, \boldsymbol{k}') = -\gamma^2.$$

Dann läßt sich die Funktion $\Delta(\boldsymbol{k})$ nach (6.100) deuten als Erwartungswert, der sich für ein translationsinvariantes System für den Operator

$$\Delta(\boldsymbol{r}) = -\frac{\gamma^2}{\Omega} \sum_{\boldsymbol{k}'\boldsymbol{k}} a_{-\boldsymbol{k}'\downarrow} a_{\boldsymbol{k}\uparrow} \, e^{i(\boldsymbol{k}-\boldsymbol{k}')\boldsymbol{r}}$$

ergibt, welchen wir mittels der Operatoren $\psi_s(\boldsymbol{r})$ in der Form

$$\Delta(\boldsymbol{r}) = -\gamma^2 \psi_\downarrow(\boldsymbol{r}) \, \psi_\uparrow(\boldsymbol{r}) \tag{7.11}$$

schreiben können.

Beim Einschalten eines Magnetfeldes wird die Translationssymmetrie durch das Vektorpotential $\boldsymbol{A}(\boldsymbol{r})$ zerstört, die Transformation (7.9) überführt (7.11) in den Operator

$$\Delta'(\boldsymbol{r}) = U\Delta(\boldsymbol{r})U^+ = \Delta(\boldsymbol{r}) \, e^{\frac{2ie}{\hbar c}\chi(\boldsymbol{r})}. \tag{7.12}$$

Betrachten wir nun (Abb. 27) einen Josephson-Kontakt in einem Magnetfeld $\boldsymbol{B}$ senkrecht zur Bildebene. Es dringt zufolge des Meissner-Effekts nur bis zur Tiefe λ in die Supraleiter ein. Wir setzen daher in einem Koordinatensystem, dessen xy-Ebene in die Kontaktebene fällt

$$\boldsymbol{B} = \{B, 0, 0\} \, \theta\left(\frac{d'}{2} - |z|\right),$$

wobei

$$d' = d + 2\lambda$$

die effektive Dicke des Kontaktes ist. Dieses Magnetfeld folgt nach

$$\boldsymbol{B} = \operatorname{rot} \boldsymbol{A}$$

aus dem Vektorpotential

$$\boldsymbol{A} = \{0, A_y(z), 0\}$$

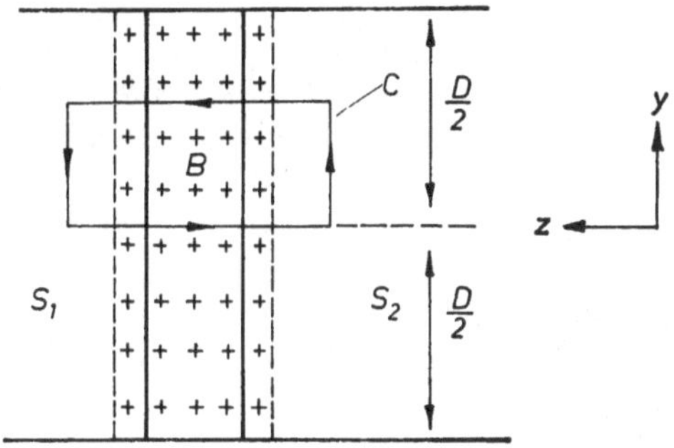

Abb. 27. JOSEPHSON-Kontakt im Magnetfeld

mit

$$A_y(z) = \begin{cases} -\dfrac{1}{2} Bd', & z > \dfrac{d'}{2}, \\ -Bz, & |z| \leqq \dfrac{d'}{2}, \\ \dfrac{1}{2} Bd', & z < -\dfrac{d'}{2}. \end{cases}$$

Wir untersuchen nun die Phasendifferenz zwischen zwei Punkten $\boldsymbol{r}_1$ und $\boldsymbol{r}_2$, welche tief im Inneren der Supraleiter S_1 und S_2 liegen. Dazu beachten wir, daß

$$\oint_C \boldsymbol{A}\, \mathrm{d}\boldsymbol{s} = \int \boldsymbol{B}\, \mathrm{d}\boldsymbol{f} = d'B \cdot y = \Phi(y) \qquad (7.13)$$

der von der Kurve C eingeschlossene magnetische Fluß ist, welcher nur von dem Wert $y_1 = y_2 = y$ der y-Koordinate der Punkte $\boldsymbol{r}_1$ und $\boldsymbol{r}_2$ abhängt. Es gilt also, wenn wir $\chi(\boldsymbol{r}_1) - \chi(\boldsymbol{r}_2) = 0$ setzen, für $y_1 = y_2 = y = 0$:

$$\chi(\boldsymbol{r}_1) - \chi(\boldsymbol{r}_2) = \Phi(y). \tag{7.14}$$

Der entscheidende Gedanke ist nun, daß wir durch die Transformation (7.9) das Vektorpotential aus den Anteilen $\tilde{\mathscr{K}}^{(1)}_{\text{red}}$ und $\tilde{\mathscr{K}}^{(2)}_{\text{red}}$, welche die ungekoppelten Supraleiter S_1 und S_2, in denen $\boldsymbol{B}$ verschwindet, beschreiben, eliminieren können, wobei es in dem Wechselwirkungsoperator $\mathscr{H}_{\text{W}}(\boldsymbol{A})$ des Kontakt-Hamilton-Operators

$$\mathscr{K}_{12}(\boldsymbol{A}) = \mathscr{K}^{(1)}_{\text{red}} + \mathscr{K}^{(2)}_{\text{red}} + \mathscr{H}_{\text{W}}(\boldsymbol{A})$$

erscheint. Angesichts von (7.12) und (7.14) ist die einfachste Form eines Kontakt-Hamilton-Operators

$$\mathscr{K}_{12}(\boldsymbol{A}) = \mathscr{K}^{(1)}_{\text{red}} + \mathscr{K}^{(2)}_{\text{red}} - \frac{1}{2}\,\tilde{K}'_{12}\,\frac{1}{D}\int\limits_{-D/2}^{+D/2} \mathrm{d}y \left\{\Delta^{(1)}, \Delta^{(2)+}\, \mathrm{e}^{\frac{2ie}{\hbar c}\Phi(y)} + h.c.\right\}.$$

Berechnen wir nun wieder in störungstheoretischer Näherung den Erwartungswert dieses Operators, so ergibt sich die Hamilton-Funktion

$$\begin{aligned} &H_{12}(\varphi_1, \varphi_2, N_{\text{P}^{(1)}}, N_{\text{P}^{(2)}}, \boldsymbol{A}) \\ &= \Omega_1(\mu_1, 0) + \Omega_2(\mu_2, 0) \\ &\quad - \frac{\tilde{K}'_{12}}{D}\int\limits_{-D/2}^{+D/2} \mathrm{d}y \cos\left(\varphi_1 - \varphi_2 - \frac{2\pi\Phi(y)}{\Phi_0}\right), \end{aligned} \tag{7.15}$$

wobei $\tilde{K}'_{12}$ der Kopplungsparameter zur effektiven Dichte d' des Kontaktes ist und $\Phi_0 = \dfrac{hc}{2\,|e|}$ das Flußquant. Die kanonischen Gleichungen (7.5) und (7.6) bleiben unverändert, anstelle von (7.8) resultiert jetzt für den Strom

$$I = \frac{2}{\hbar} \tilde{K}'_{12} \frac{1}{D} \int_{-D/2}^{+D/2} \mathrm{d}y \sin\left(\varphi_1 - \varphi_2 - \frac{2\pi\Phi(y)}{\Phi_0}\right). \quad (7.16)$$

Die Ausführung der elementaren Integration führt auf

$$I = \frac{2}{\hbar} \tilde{K}'_{12} \sin(\varphi_1 - \varphi_2) \frac{\sin\left(\pi \frac{\Phi}{\Phi_0}\right)}{\frac{\pi\Phi}{\Phi_0}}, \quad (7.17)$$

wobei Φ den gesamten magnetischen Fluß durch den Kontakt bedeutet. Entsprechend ergibt die Ausführung der Integration in (7.15)

$$H_{12}(\varphi_1, \varphi_2, N_\mathrm{P}^{(1)}, N_\mathrm{P}^{(2)}, \boldsymbol{A})$$
$$= \Omega_1(\mu_1, 0) + \Omega_2(\mu_2, 0)$$
$$-\tilde{K}'_{12} \cos(\varphi_1 - \varphi_2) \frac{\sin\left(\pi \frac{\Phi}{\Phi_0}\right)}{\pi \frac{\Phi}{\Phi_0}} + 2\mu_1 N_\mathrm{P}^{(1)} + 2\mu_2 N_\mathrm{P}^{(2)}.$$

Bei vorgegebenem Magnetfluß Φ stellt sich also Phasengleichheit $\varphi_1 - \varphi_2 = 0$ ein. Andererseits korrespondiert der Phasendifferenz $\varphi_1 - \varphi_2 = \frac{\pi}{2}$ gemäß (7.17) der maximale Strom

$$I_\mathrm{max}(\Phi) = I_\mathrm{max}(0) \frac{\sin\left(\frac{\pi\Phi}{\Phi_0}\right)}{\frac{\pi\Phi}{\Phi_0}}. \quad (7.18)$$

Die Abhängigkeit des maximalen JOSEPHSON-Gleichstromes vom magnetischen Fluß Φ (Abb. 28) wurde zum ersten Mal von ROWELL (1963) experimentell bestätigt. Durch diese Beobachtung fand zugleich die JOSEPHSONsche Vorhersage, daß das charakteristische Gleichstrom-

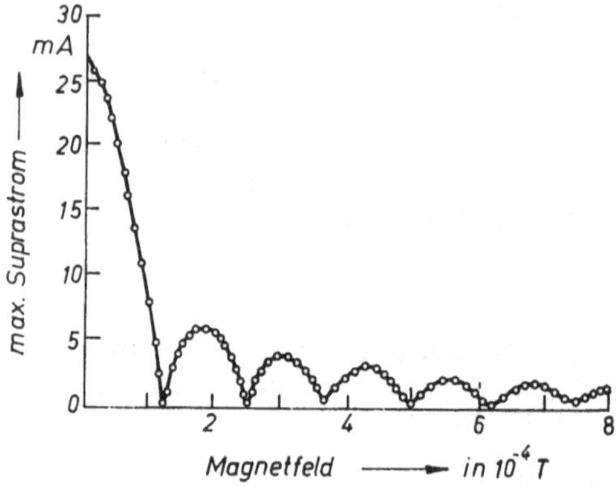

Abb. 28. Abhängigkeit des maximalen JOSEPHSON-Stromes von einem Magnetfeld parallel zur Isolierschicht eines Tunnelkontaktes Sn – SnO – Sn (nach LANGENBERG, SCALAPINO und TAYLOR 1966)

verhalten des Kontaktes eine Folge der Phasenkohärenz über die Isolierschicht hinweg ist, welche sich zwischen den Supraleitern S_1 und S_2 ausbildet, ihre Bestätigung.

Wie aus der Darstellung (7.16) des JOSEPHSON-Gleichstromes ersichtlich ist, kommt das durch (7.18) ausgedrückte Verhalten des Maximalstromes durch Interferenz zwischen den einzelnen Stromelementen

$$\mathrm{d}I(y) = j(y)\,\mathrm{d}y$$

zustande, wobei die Phasen der Stromdichten (wir setzen $\varphi_1 - \varphi_2 = \frac{\pi}{2}\Big)$,

$$j(y) = \frac{2}{\hbar}\,\tilde{K}_{12}'\,\cos\frac{2\pi\Phi(y)}{\Phi_0},$$

so wirken, daß es zu einer Auslöschung durch Interferenz immer dann kommt, wenn es zu einem Stromelement $\mathrm{d}I(y)$ ein anderes gibt, welches gegen dasselbe um π in Phase verschoben ist (vgl. Abb. 29). Dieser Sachverhalt

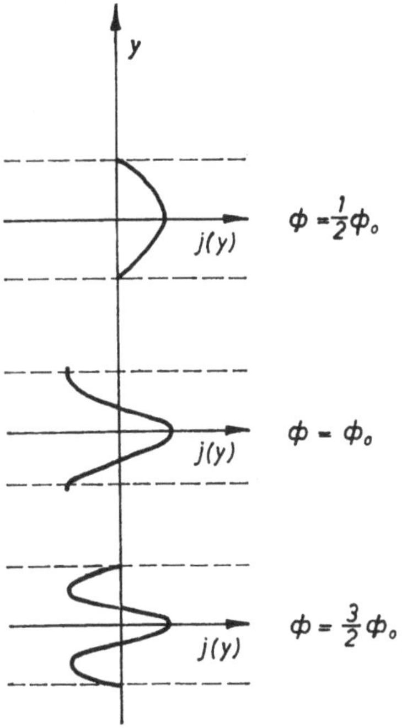

Abb. 29. Variation der Josephson-Suprastromdichte längs eines Kontaktes mit Magnetfeld

zeigt große formale Ähnlichkeit zur Fraunhoferschen Beugung von Lichtwellen an einem Spalt, welche durch die Interferenz von Lichtwellen verschiedener Phase zustande kommt, die von dem Spalt nach dem Huygensschen Prinzip ausgehen, wobei die Intensität des Interferenzbildes $\sim \left|\frac{\sin Ax}{Ax}\right|^2$ ist.

7.2. *Mercereau-Interferenz*

Bekanntlich lassen sich die optischen Beugungseffekte verstärken, wenn man die Lichtwellen eines ganzen Spaltsystems, im einfachsten Falle also eines Doppelspalts, zur Interferenz bringt. Man erwartet, daß einem Doppelspalt ein JOSEPHSON-*Doppelkontakt* entspricht, wie er in Abbildung 30 dargestellt ist. Die Anordnung

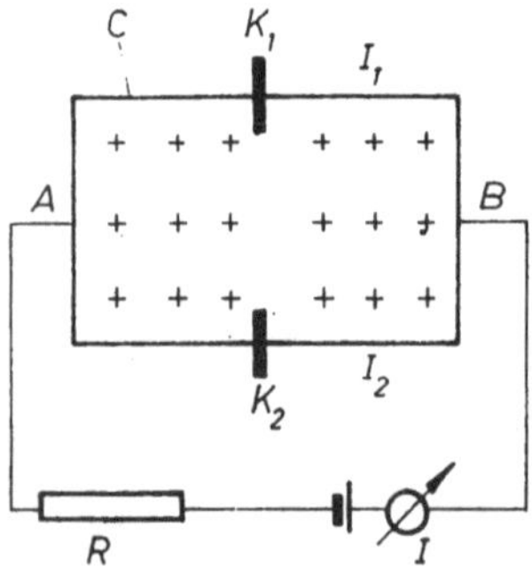

Abb. 30. JOSEPHSON-Doppelkontakt

besteht aus zwei parallelgeschalteten JOSEPHSON-Kontakten K_1 und K_2, durch welche die Ströme I_1 und I_2 fließen, die im Außenkreis den Gesamtstrom $I = I_1 + I_2$ ergeben. Die Ströme umlaufen eine Spule, in welcher das Magnetfeld $\boldsymbol{B}$ herrscht, die Kontakte und der ganze übrige Stromkreis befinden sich im magnetfeldfreien Raum. Wählen wir die durch das Vektorpotential $\boldsymbol{A}$ des Magnetfeldes erzeugte Phasendifferenz zwischen. den Punkten A und B so, daß

$$\chi(A) - \chi(B) = 0$$

ist und ist die Phasendifferenz ohne Magnetfeld in den beiden als gleichartig angenommenen Kontakten δ_0, so fließt durch den Kontakt 1 der Strom

$$I_1 = I_{\max}(0) \sin\left(\delta_0 - \pi \frac{\Phi}{\Phi_0}\right)$$

und durch den Kontakt 2 der Strom

$$I_2 = I_{\max}(0) \sin\left(\delta_0 + \pi \frac{\Phi}{\Phi_0}\right),$$

wenn

$$\Phi = \int_C \boldsymbol{A}\,\mathrm{d}\boldsymbol{s}$$

der vom Stromkreis umflossene magnetische Fluß ist. Für den Gesamtstrom im Außenkreis ergibt sich daraus

$$I = 2I_{\max}(0) \sin \delta_0 \cos \frac{\pi\Phi}{\Phi_0}.$$

Der maximale Strom ist also

$$I_{\max}(\Phi) = 2I_{\max}(0) \cos \frac{\pi\Phi}{\Phi_0}.$$

Obwohl sich also alle supraleitenden Elektronen im feldfreien Raum bewegen, beeinflußt das Magnetfeld im Inneren der Spule die Ströme durch die Kontakte K_1 und K_2, zwischen denen es eine Interferenz der Ordnungsparameter der Elektronenzustände gibt. Von MERCEREAU und Mitarbeitern (1965) wurde diese makroskopische Quanteninterferenz an einer derartigen Doppelkontaktanordnung erstmals beobachtet.

Ein solches *Quanteninterferometer* aus zwei JOSEPHSON-Kontakten stellt ein hochempfindliches Magnetometer dar, denn umschließt es eine Fläche von 1 cm², so genügt schon eine Magnetfeldänderung von $2 \cdot 10^{-7}$ T, um ein Flußquant Φ_0 durch die Anordnung hindurchtreten zu lassen, welches einer Oszillation des Maximalstromes entspricht. Es wurden Experimente an Doppelkontakten mit Flächen bis zu 3 cm² durchgeführt und stets Interferenz beobachtet, was die Phasenkohärenz der Wellenfunktion des supraleitenden Zustandes über derartige makroskopische Distanzen sicherstellt.

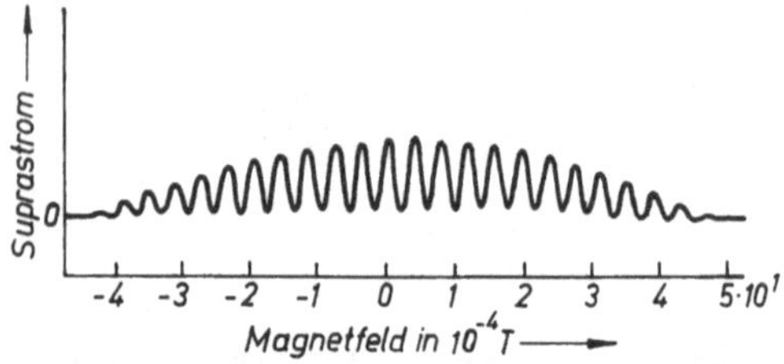

Abb. 31. JOSEPHSON-Strom durch einen Doppelkontakt in Abhängigkeit vom Magnetfeld (nach JAKLEVIC u. Mitarb. 1965)

Falls die Kontakte selbst von einem magnetischen Fluß Φ_K durchsetzt werden, so ergibt sich eine zusätzliche langwellige Modulation des Maximalstromes $I(\Phi)$, welcher dann durch

$$I_{\max}(\Phi) = I_{\max}(0) \frac{\sin\left(\frac{\pi\Phi_K}{\Phi_0}\right)}{\frac{\pi\Phi_K}{\Phi_0}} \cos\frac{\pi\Phi}{\Phi_0}$$

gegeben ist. Abbildung 31 zeigt eine entsprechende Meßkurve von MERCEREAU und Mitarbeitern.

7.3. *Shapiro-Stufen*

Ebenfalls von JOSEPHSON wurde ein Experiment vorgeschlagen, das von SHAPIRO (1963) ausgeführt wurde und die JOSEPHSONsche Vorhersage, welche in den kanonischen Formeln (7.2) bis (7.6) enthalten ist, bestätigt. In diesem Falle wurde ein JOSEPHSON-Kontakt, an dem

eine Gleichspannung V_0 lag, mit einer Mikrowellenstrahlung der Frequenz ω bestrahlt, wodurch am Kontakt eine Gesamtspannung

$$V(t) = V_0 + V_1 \cos \omega t$$

hergestellt wurde. Ihr entspricht gemäß (7.5) und (7.6) eine zeitabhängige Phasendifferenz $\theta(t) = \varphi_1(t) - \varphi_2(t)$, die der Bewegungsgleichung

$$\frac{\mathrm{d}\theta(t)}{\mathrm{d}t} = -\frac{2e}{\hbar} \{V_0 + V_1 \cos \omega t\}$$

genügt, welche die Lösung

$$\theta(t) = -\frac{2e}{\hbar} \left\{ V_0 t + \frac{V_1}{\omega} \sin \omega t \right\} + \alpha$$

hat, so daß der Strom nach (7.8) durch

$$I = I_{\max} \sin \left[\frac{2e}{\hbar} \left\{ V_0 t + \frac{V_1}{\omega} \sin \omega t \right\} + \alpha \right]$$

gegeben ist. Er gestattet die Fourier-Darstellung

$$I = I_{\max} \sum_{n=-\infty}^{+\infty} I_n \left(\frac{2eV_1}{\hbar\omega} \right) \sin \left(\left(\frac{2eV_0}{\hbar} + n\omega \right) t + \alpha \right),$$

wobei $I_n(x)$ die Besselfunktionen sind. Dieser Ausdruck läßt erkennen, daß für

$$2eV_0 = n\hbar\omega \qquad (n = 1, 2, 3, \ldots) \tag{7.19}$$

ein Gleichstrom der Größe

$$I_n(\alpha) = I_{\max} \cdot I_n \left(\frac{2eV_1}{\hbar\omega} \right) \cdot \sin \alpha$$

durch den Kontakt fließt, dessen Größe von der Phase α abhängt. Ist U_0 die im äußeren Stromkreis angelegte

Spannung, so ist

$$V_0 = U_0 - I(\alpha)\,R, \tag{7.20}$$

wenn R der Widerstand des Kreises ist. Variiert man nun U_0, so kann V_0 einen konstanten durch (7.19) gegebenen Wert beibehalten, wenn sich die Phase α so anpaßt, daß (7.20) zu jedem Wert von U_0, welcher mit $|I_n(\alpha)| \leqq I_{\max} I_n \left(\frac{2eV_1}{\hbar\omega}\right)$ verträglich ist, erfüllt ist. Wird der Strom größer, so ändert sich die Spannung V_0 am Kontakt, bis sie abermals einen durch (7.19) gegebenen Wert annimmt. Man erwartet also eine Strom-Spannungslinie mit charakteristischen *Stufen*, wie sie in Abbildung 32 dargestellt ist.

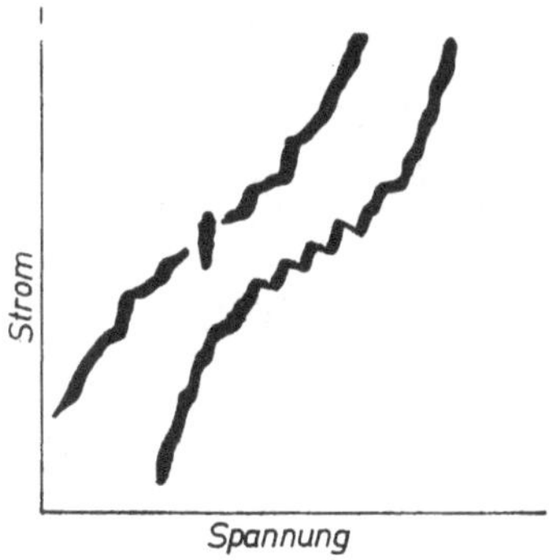

Abb. 32. Strom-Spannungs-Kurven mit SHAPIRO-Stufen (nach SHAPIRO 1963)

Eine derartige Kennlinie wurde erstmals von SHAPIRO (1963) beobachtet und damit der erste indirekte Nachweis für das Vorhandensein eines JOSEPHSON-Wechselstromes erbracht.

Im Jahr 1967 benutzten PARKER, TAYLOR und LANGENBERG eine Anordnung, welche eine Kennlinie mit den SHAPIRO-Stufen zeigte, zu einer Präzisionsbestimmung

der Größe $\frac{2|e|}{h}$. Sie betrachteten einen JOSEPHSON-Kontakt mit Mikrowellenstrahlung mit Frequenzen zwischen 8 und 10 GHz und beobachteten bis zu vierzig Stufen in der Kennlinie. Der so gewonnene Wert von $\frac{2|e|}{h}$ erwies sich mit einer Genauigkeit von $2 \cdot 10^{-6}$ als unabhängig von der Temperatur und dem Material des Kontaktes sowie von der Energie und Frequenz der benutzten Mikrowellenstrahlung, der Stufenzahl n und dem Strom durch den Kontakt. Die nach diesem Verfahren erzielte resultierende Unsicherheit des Wertes von $\frac{2|e|}{h}$ beträgt $6 \cdot 10^{-6}$ und rührt größtenteils von der Ungenauigkeit im absoluten Wert der Spannungseinheit Volt her.

7.4. Resonanzen in Josephson-Kontakten

Für ein Magnetfeld $\boldsymbol{B}$, welches in einer beliebigen Richtung in der Kontaktebene orientiert ist

$$\boldsymbol{B} = \{B_x, B_y, 0\},$$

ist die Stromdichte j_z eine Funktion von x und y, und zwar ist

$$j_z(\varrho, t) = j_{\max} \cdot \sin \theta(\varrho, t), \tag{7.21}$$

wobei wir mit

$$\varrho = \{x, y, 0\}$$

einen Punkt in der Ebene des Kontaktes bezeichnen. Für ein magnetisches Feld in x-Richtung fanden wir im Abschnitt 7.1.

$$\theta(\varrho, t) = \varphi_1(t) - \varphi_2(t) - \frac{4\pi e}{hc} d' B_x \cdot y.$$

Allgemeiner gilt

$$\theta(\varrho, t) = \varphi_1(t) - \varphi_2(t) - \frac{4\pi e d'}{hc} \{y B_x - x B_y\}. \quad (7.22)$$

$\theta(\varrho, t)$ ist die Phasendifferenz zwischen zwei tief im Inneren der Supraleiter einander gegenüberliegenden Punkten, deren Verbindungslinie die x-y-Ebene im Punkt ϱ schneidet, zur Zeit t. Aus (7.22) folgen die Gleichungen

$$\frac{\partial \theta(\varrho, t)}{\partial x} = \frac{4\pi e d'}{hc} B_y,$$

$$\frac{\partial \theta(\varrho, t)}{\partial y} = -\frac{4\pi e d'}{hc} B_x, \quad (7.23)$$

und aus der kanonischen Gleichung (7.7) erhalten wir

$$\frac{\partial \theta(\varrho, t)}{\partial t} = -\frac{2e}{\hbar} V. \quad (7.24)$$

Die Gleichungen (7.22), (7.23) und (7.24) vervollständigen wir noch durch die Maxwellsche Gleichung

$$\frac{\partial B_x}{\partial y} - \frac{\partial B_y}{\partial x} = \frac{4\pi}{c} j_z(\varrho) + \frac{1}{c} \frac{\partial D_z}{\partial t}. \quad (7.25)$$

Nun können wir die Verschiebungsstromdichte $\frac{\partial D_z}{\partial t}$ umschreiben, wenn wir beachten, daß die beiden den Kontakt bildenden Supraleiter einen Plattenkondensator mit der Kapazität C bilden. Daher gilt, wenn F die Fläche des Kontaktes ist,

$$\frac{\partial D_z}{\partial t} = \frac{4\pi C}{F} \frac{\partial V}{\partial t},$$

und damit geht (7.25) über in

$$\frac{\partial B_x}{\partial y} - \frac{\partial B_y}{\partial x} - \frac{4\pi C}{cF} \frac{\partial V}{\partial t} = \frac{4\pi}{c} j_z(\varrho, t). \quad (7.26)$$

Die Gleichungen (7.21), (7.23), (7.24) und (7.26) bilden das vollständige phänomenologische Gleichungssystem zur Charakterisierung der elektrodynamischen Eigenschaften eines Josephson-Kontaktes.

Aus (7.26) können wir V und $\boldsymbol{B}$ eliminieren mittels (7.24) und (7.23). Das Ergebnis ist eine „Sinus-Gordon-Gleichung"

$$\Delta\theta - \frac{1}{v^2}\frac{\partial^2\theta}{\partial t^2} = \frac{1}{\lambda_J^2}\sin\theta \tag{7.27}$$

mit

$$v^2 = \frac{cF}{4\pi C d'} \tag{7.28}$$

und

$$\lambda_J^2 = \frac{\hbar c^2}{8\pi j_{\max}|e|\,d'}. \tag{7.29}$$

Die Größe λ_J bezeichnet man als JOSEPHSON-Eindringtiefe. Sie ist von der Größenordnung 0,1 mm. Sie charakterisiert die Verteilung des Stromes $j_z(\varrho, t)$ über den Querschnitt des Kontaktes bzw. den MEISSNER-Effekt des mit diesem Strom verknüpften Magnetfeldes. Der JOSEPHSON-Strom fließt zum größten Teil innerhalb einer Schicht der Dicke λ_J, weshalb es wenig Sinn hat die Abmessungen von JOSEPHSON-Kontakten wesentlich größer als 0,1 mm zu halten.

Von JOSEPHSON wurden nun drei Arten von Resonanzen vorausgesagt, welche sich anhand der Gleichung (7.27) diskutieren lassen, falls λ_J^2 so groß ist, daß der Einfluß der rechten Seite dieser Gleichung störungstheoretisch betrachtet werden kann. Danach wird ein erster Typ von Resonanz erwartet, wenn die Frequenz der rechten Seite von (7.27) mit einer Eigenfrequenz ω_{res} des Kontaktes, die durch das Eigenwertproblem

$$\Delta\theta_0 - \frac{1}{v^2}\frac{\partial^2\theta_0}{\partial t^2} = 0 \qquad (+\ \text{Randbedingungen})$$

gegeben ist, übereinstimmt. Diese Resonanzen sollten

sich in Strukturen in der Strom-Spannungs-Kennlinie bei den Spannungen

$$V = \frac{\hbar \omega_{\text{res}}}{2\,|e|}$$

bemerkbar machen. Sie wurden in Gestalt von Stufen in der Kennlinie eines Kontaktes in einem schwachen Magnetfeld von FISKE (1964) beobachtet (vgl. Abb. 33).

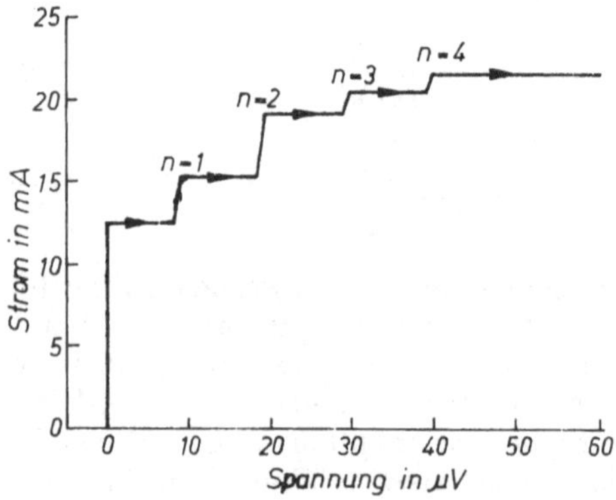

Abb. 33. Strom-Spannungs-Kurven eines Sn—SnO—Sn-Kontaktes mit FISKE-Stufen nach LANGENBERG, SCALAPINO und TAYLOR 1966

Bei jedem Spannungswert, der dem Einsatz einer dieser sogenannten FISKE-Stufen entspricht, bildet sich eine resonante Mikrowellenstrahlung im Kontakt aus, welche wie im Falle der SHAPIRO-Stufen, wobei eine Mikrowellenstrahlung eingestrahlt werden muß, zur Ausbildung eines JOSEPHSON-Gleichstromes Anlaß gibt; dieser ist über die Stufenbreite unabhängig von V.

Die zweite Art von Resonanz, welche sich auf Grund der Gleichung (7.27) erwarten läßt, versteht man anhand von folgender Überlegung: Liegt am Kontakt die Spannung V und das Magnetfeld $\boldsymbol{B}$, so hat die Stromdichte gemäß (7.21) den Charakter einer ebenen Welle:

$$j_z(\varrho, t) = j_{max} \sin (\varkappa\varrho - \omega t) \tag{7.30}$$

mit

$$\hbar\omega = 2\,|e|\,V$$

und

$$\varkappa = \frac{4\pi\,|e|\,d'}{\hbar c}\,B.$$

Es besteht nun die Möglichkeit der Resonanz des Kontaktes, falls die Phasengeschwindigkeit der Stromdichtewelle (7.30) mit der Geschwindigkeit v (s. (7.28)) übereinstimmt. Die entsprechende Bedingung lautet

$$\frac{\omega}{\varkappa} = \frac{V_c}{Bd'} = v.$$

Die Resonanz wurde von ECK und Mitarbeitern (1964) beobachtet, und zwar in Gestalt eines Maximums in der Kurve der Energiedissipation des Kontaktes als Funktion des Magnetfeldes bei festem Wert der Spannung V.

Schließlich ist aus (7.27) die Möglichkeit eines dritten Typs von Resonanz ersichtlich bei abwesendem Magnetfeld, wofür diese Gleichung die einfache Gestalt

$$\frac{d^2\theta}{dt^2} + \omega_J{}^2 \sin\theta = 0 \tag{7.31}$$

annimmt, wobei

$$\omega_J = \frac{v}{\lambda_J} = \sqrt{\frac{2\,|e|\,I_{max}}{\hbar c}}$$

die JOSEPHSON-*Plasmafrequenz* ist, deren Größe bei 10 GHz liegt. Für kleine Werte von θ hat (7.31) die Lösung

$$\theta = \theta_0 + \theta_1 \sin \omega_P t, \qquad \omega_P = \omega_J \sqrt{\cos\theta_0},$$

d. h., es fällt keine Gleichspannung am Kontakt ab,

jedoch fließt ein Gleichstrom

$$I_0 = I_{\max} \frac{1}{2\pi} \int_0^{2\pi} \mathrm{d}(\omega_{\mathrm{P}} t) \sin\{\theta_0 + \theta_1 \sin \omega_{\mathrm{P}} t\}$$

$$= I_{\max} J_0(\theta_1) \sin \theta_0 \approx I_{\max} \sin \theta_0 .$$

Bestrahlt man also einen JOSEPHSON-Kontakt, durch welchen ein Gleichstrom

$$I_0 = I_{\max} \sin \theta_0$$

fließt, mit einer Mikrowellenstrahlung der Frequenz

$$\omega_{\mathrm{P}} = \omega_{\mathrm{J}} \sqrt{\cos \theta_0} = \omega_{\mathrm{J}} \sqrt{1 - \frac{I^2}{I_{\max}^2}} ,$$

so sollten sich in der vom Kontakt emittierten Strahlung infolge der Nichtlinearität der Gleichung (7.31) Komponenten mit den Frequenzen $n\omega_{\mathrm{P}}$, $n = 1, 2, 3, \ldots$ nachweisen lassen bei verschwindender Gleichspannung am Kontakt. Dieser Nachweis der JOSEPHSON-Plasmaresonanz gelang DAHM und Mitarbeitern 1968.

Physikalisch handelt es sich bei den JOSEPHSON-Plasmaschwingungen um die Oszillationen eines Schwingkreises mit der Kapazität C und der Induktivität

$$L = \frac{\hbar}{2\,|e|\, I_{\max} \cos \theta_0} .$$

Die entsprechende Gleichung für den Strom $I(t)$ in dem Schwingkreis lautet

$$L \frac{\mathrm{d}^2 I}{\mathrm{d}t} + \frac{1}{c} I = 0$$

und hat die Lösung

$$I = I_0 \cos(\omega_{\mathrm{P}} t + \alpha) .$$

Bei dieser Schwingung sind sowohl der Strom als auch das elektrische Wechselfeld im Kontakt longitudinal, die Wellenlänge ist unendlich. Diese Situation korrespondiert den Verhältnissen, wie sie bei einer Plasmaschwingung etwa im Elektronengas vorliegen, woraus sich die Beziehung *Josephson-Plasmaresonanz* verstehen läßt.

Literaturverzeichnis

A *Lehrbücher und Monographien*

M. v. LAUE: Theorie der Supraleitung (2. Auflage), Springer-Verlag Berlin—Göttingen—Heidelberg 1949.

F. LONDON: Superfluids, Vol. 1 "Macroscopic Theory of Superconductivity". John Wiley & Sons, Inc., New York 1950.

J. R. SCHRIEFFER: Theory of Superconductivity. W. A. Benjamin, Inc., New York 1964.

G. RICKAYZEN: Theory of Superconductivity. Interscience Publishers J. Wiley & Sons, Inc., New York 1965.

P. G. DE GENNES: Superconductivity of Metals and Alloys. W. A. Benjamin, Inc., New York 1966.

R. D. PARKS: Superconductivity. Mared Dekker, Inc., New York 1969.

W. BUCKEL: Supraleitung. Akademie-Verlag, Berlin 1973.

M. TINKHAM: Introduction to Superconductivity. Mc Graw Hill, Inc., 1975.

Ferner seien empfohlen die Kapitel über Supraleitung in

A. A. ABRIKOSOV, L. P. GORKOV and J. E. DZYALOSHINSKII: Methods of Quantum Field Theory in Statistical Physics. Prentice Hall, Inc. Englewood Cliffs, N. J. 1963.

A. L. FETTER and J. D. VALECKA: Quantum Field Theory of Many Particle Systems. Mc Graw Hill, 1971.

B *Originalarbeiten und (in Kleindruck) Quellen zu den Grundlagen*

Zum 1. Kapitel

H. KAMERLINGH ONNES: Comm. Leiden **120b** (1911). Suppl. **34** (1913). **140b** (1914). **140c** (1914). **141b** (1914).

W. H. KEESOM and J. A. KOK: Comm. Leiden **221e** (1932).

M. MEISSNER und R. OCHSENFELD: Ein neuer Effekt bei Eintritt der Supraleitfähigkeit. Naturwiss. **21** (1933) 787.

H. Fröhlich: Theory of the Superconducting State. Phys. Rev. **79** (1950) 845.

E. Maxwell: Isotope Effect in the Superconductivity of Mercury. Phys. Rev. **78** (1950) 477.

C. A. Reynolds, B. Serin, W. H. Wright and L. B. Nesbitt: Superconductivity of Isotopes of Mercury. Phys. Rev. **78** (1950) 487.

B. S. Deaver Jr. and W. M. Fairbank: Experimental Evidence for Quantized Flux in Superconducting Cylinders. Phys. Rev. Lett. **7** (1961) 43.

R. Doll and M. Näbauer: Experimental Proof of Magnetic Flux Quantization in a Superconducting Ring. Phys. Rev. Lett. **7** (1961) 51.

Zum 2. Kapitel

M. R. Schafroth: Bemerkungen zur Fröhlichschen Theorie der Supraleitung. Helv. Phys. Acta **24** (1951) 645.

R. Becker: Theorie der Wärme. Springer-Verlag Berlin – Göttingen – Heidelberg 1955.

L. D. Landau, E. M. Lifschitz: Lehrbuch der theoretischen Physik, Band VIII: Elektrodynamik der Kontinua (3. Auflage). Akademie-Verlag, Berlin 1974.

Zum 3. Kapitel

F. London and H. London: The Elektromagnetic Equations of the Superconductor. Proc. Roy. Soc. (London) **A 149** (1935) 71.

A. B. Pippard: An Experimental and Theoretical Study of the Relation between Magnetic Field and Current in a Superconductor. Proc. Roy. Soc. (London) **A 216** (1953) 547.

T. E. Faber and A. B. Pippard: The Penetration Depth and High Frequency Resistance of Superconducting Aluminium. Proc. Roy. Soc. (London) **A 231** (1955) 346.

Zum 4. Kapitel

L. W. Schubnikow (Л. В. Шубников): Zh. Eksp. Teor. Fiz. (ЖЭТФ) **7**, 221 (1937).

V. L. GINSBURG und L. D. LANDAU (В. Л. Гинзбург, Л. Д. Ландау): К теории сверхпроодимости. Zh. Eksp. Teor. Fiz. (ЖЭТФ) **20** (1950) 1044. Englische Übersetzung in "Men of Physics: L. D. Landau", Vol. I, p. 138, Pergamon Press, Oxford 1965.

A. A. ABRIKOSSOW (А. А. Абрикосов): О магнитных свойствах сверхпроводников второй группы.
Zh. Eksp. Teor. Fiz. (ЖЭТФ) **32** (1957) 1442. Englische Übersetzung in Sov. Phys. JETP **5** (1957) 1174.

Zum 5. Kapitel

J. M. ZIMAN: Electrons and Phonons. Oxford, Clarendon Press 1960.

C. KITTEL: Quantum Theory of Solids. J. Wiley & Sons, New York 1963.

A. L. FETTER and J. D. WALECKA: Quantum Theory of Many Particle Systems. McGraw Hill, 1971.

W. BRAUER: Einführung in die Elektronentheorie der Metalle. Akademische Verlagsgesellschaft Geest & Portig K.-G., Leipzig 1972.

Zum 6. Kapitel

H. FRÖHLICH: Theory of the Superconducting State. Phys. Rev. **79** (1950) 845.

L. COOPER: Bound Electron Pairs in a Degenerate Fermi Gas. Phys. Rev. **104** (1956) 1189.

J. BARDEEN, L. N. COOPER and J. R. SCHRIEFFER: Theory of Superconductivity Phys. Rev. **108** (1957) 1175.

N. N. BOGOLJUBOW (Н. Н. Боголюбов): О новой методе в теории сверхпроводимости. Zh. Eksp. Teor. Fiz. (ЖЭТФ) **34** (1958) 58. Englische Übersetzung in Sov. Phys. JETP **7** (1958) 41.

J. G. VALATIN: Comments on the Theory of Superconductivity. Nuovo Cimento **7** (1958) 843.

R. HAAG: The Mathematical Structure of the Bardeen-Cooper-Schrieffer-Model. Nuovo Cimento **25** (1962) 287.

Zum 7. Kapitel

I. GIAEVER: Energy Gap in Superconductors Measured by Electron Tunneling. Phys. Rev. Lett. **5** (1960) 147.

B. D. JOSEPHSON: Possible New Effects in Superconductive Tunneling. Phys. Lett. **1** (1962) 251.

P. W. ANDERSON and J. M. ROWELL: Probable Observation of the Josephson Superconducting Tunneling Effect. Phys. Rev. Lett. **10** (1963) 230.

J. M. ROWELL: Magnetic Field Dependence of the Josephson Tunnel Current, Phys. Rev. Lett. **11** (1963) 200.

S. SHAPIRO: Josephson Currents in Superconducting Tunneling: The Effect of Microwaves and other Observations. Phys. Rev. Lett. **11** (1963) 80.

R. E. ECK, D. J. SCALAPINO and B. N. TAYLOR: Self-Detection of the AC-Josephson-Current. Phys. Rev. Lett. **13** (1964) 15.

M. D. FISKE: Temperature and Magnetic Field Dependence of the Josephson-Tunneling Current. Rev. Mod. Phys. **36** (1964) 221.

B. D. JOSEPHSON: Coupled Superconductors.. Rev. Mod. Phys. **36** (1964) 216.

R. C. JAKLEVIC, J. LAMBE, J. E. MERCEREAU and A. H. SILVER: Macroscopic Quantum Interference in Superconductors. Phys. Rev. **140 A** (1965) 1628.

I. K. YANSON, V. M. SWISTUNOW und J. M. DMITRENKO (И. К. Янсон, В. М. Свистунов, И. М. Дмитренко): Экспериментальное наблюдение туннельного эффекта для куперовских пар с излучением фотонов.
Zh. Eksp. Teor. Fiz. (ЖЭТФ) **48** (1965) 976. Englische Übersetzung in Sov. Phys. JETP **21** (1965) 650.

D. N. LANGENBERG, D. J. SCALAPINO and B. N. TAYLOR: Josephson-Type Superconducting Tunnel Junctions as Generators of Microwave and Submillimeter Wave Radiation. Proc. of the IEEE **54** (1966) 560

D. N. LANGENBERG, W. H. PARKER and B. N. TAYLOR: Experimental Test of the Josephson Frequency-Voltage Relation. Phys. Rev. **150** (1966) 186.

D. N. LANGENBERG, W. H. PARKER and B. N. TAYLOR: Measurement of 2e/h Ussing the AC Josephson Effect and its Implications for Quantum Electrodynamics. Phys. Rev. Lett. **18** (1967) 287.

P. W. ANDERSON: The Josephson Effect and Quantum Coherence Measurements in Superconductors and Superfluids Progr. in Low Temp. Physics, Bd. V, Kap. I, Amsterdam, North-Holland 1967.

A. J. DAHM, A. DENNENSTEIN, T. F. FINNEGAN, D. N. LANGENBERG and D. J. SCALAPINO: Study of the Josephson Plasma Resonance. Phys. Rev. Lett. **20** (1968) 859.

Sachverzeichnis

RUDOLF HERRMANN / UWE PREPPERNAU

Elektronen im Kristall

1979. Etwa 320 Seiten — 179 Abbildungen — 14 Tabellen
gr. 8° — Leinen etwa 38,— M
Bestell-Nr. 762 080 5 (6379)

Nach allgemein-festkörperphysikalischen Grundlagen, die für das Gesamtverständnis wichtig sind, werden spezielle Festkörpereigenschaften und -phänomene wie galvanomagnetische Effekte, Landau-Quantisierung, Hochfrequenz- und Resonanzphänomene sowie die Ausbreitung elektromagnetischer Wellen im Festkörperplasma behandelt. Alle physikalischen Sachverhalte sind verständlich, anschaulich und leicht faßlich dargestellt; besonderen Wert legen die Autoren auf klare Definitionen, wobei sie bestimmte Details bewußt ausführlich erläutern.

Bestellungen durch eine Buchhandlung erbeten

AKADEMIE-VERLAG · BERLIN

Der Autor

- behandelt die wichtigsten Erscheinungen der Supraleitung und ihre physikalischen Grundlagen

- gibt eine Einführung in die phänomenologischen Theorien und in die mikroskopische Theorie der Supraleitung

- wendet sich nicht an Spezialisten, sondern an einen breiten an theoretischer Physik interessierten Leserkreis

- knüpft in einführenden Abschnitten die Darstellung der Theorie der Supraleitung an das theoretische Allgemeinwissen eines in der Physik unterrichteten Lesers an

WISSENSCHAFTLICHE TASCHENBÜCHER